山西省哲学社会科学规划课题（2023YY224）
山西省留学人员科研资助项目(2023-159）
山西省高等学校科技创新计划项目（2019L0781）

区域农业水土资源耦合与优化配置

QUYU NONGYE SHUITU ZIYUAN OUHE YU YOUHUA PEIZHI

戴燕燕 著

西安交通大学出版社
XI'AN JIAOTONG UNIVERSITY PRESS

图书在版编目(CIP)数据

区域农业水土资源耦合与优化配置 / 戴燕燕著.
西安 ：西安交通大学出版社，2024.12. -- ISBN 978-7-5693-3954-3

Ⅰ. S279;F301.2

中国国家版本馆 CIP 数据核字第 2025EN6818 号

书　　名　区域农业水土资源耦合与优化配置
著　　者　戴燕燕
责任编辑　王建洪
责任校对　柳　晨
装帧设计　任加盟

出版发行　西安交通大学出版社
（西安市兴庆南路 1 号　邮政编码 710048）
网　　址　http://www.xjtupress.com
电　　话　(029)82668357　82667874(市场营销中心)
(029)82668315(总编办)
传　　真　(029)82668280
印　　刷　西安日报社印务中心

开　　本　700 mm×1000 mm　1/16　**印张** 8.875　**字数** 125 千字
版次印次　2024 年 12 月第 1 版　2024 年 12 月第 1 次印刷
书　　号　ISBN 978-7-5693-3954-3
定　　价　60.00 元

如发现印装质量问题，请与本社市场营销中心联系。
订购热线：(029)82665248　(029)82667874
投稿热线：(029)82665379　QQ：793619240
读者信箱：793619240@qq.com

前　言

水是生命之源，土是生存之基。农业水土资源作为支撑粮食生产与农村发展的核心要素，其合理配置与高效利用直接关系到区域粮食安全、生态安全与经济社会的可持续发展。本书以山西省为研究案例，针对山西省所面临的水资源短缺、水土流失严重、生态环境脆弱等诸多环境问题，着力通过系统分析农业水土资源的时空分布特征、利用效率及耦合关系，探索农业水土资源优化配置路径，旨在为区域农业可持续发展提供科学依据，为我国类似地区破解资源约束难题提供借鉴。

本书围绕"农业水土资源耦合与优化配置"这一主题，以"理论构建—实证分析—对策建议"为逻辑主线，综合运用地理学、生态学、经济学等多学科方法，开展以下研究。①山西省农业水土资源现状与问题解析：基于地理信息系统(GIS)与遥感技术，结合多年统计数据和实地调研，揭示山西省水资源总量、分布特征及农业用水结构，剖析水土资源利用中存在的水资源短缺、灌溉效率低下、耕地退化等突出问题。②水资源优化配置的理论框架与实践经验：梳理国内外水资源优化配置的理论发展脉络，总结以色列精准农业、美国跨流域调水、澳大利亚节水灌溉、中国宁夏盐池节水灌溉、中国甘肃民乐节水农业探索和中国浙江义农节水改革等典型案例的成功经验，提炼适用于山西省的技术路径与管理模式。③农业水土资源分区与驱动机制研究：通过主成分分析、地理探测器等方法，对山西省 117 个县域进行水土资源分区，识别不同区域的资源禀赋、利用效率及耦合协调度，揭示自然条件、农业生产与政策因素对资源利用的影响机制。④水-能-粮系统协同优化与种植结构调整：构建水足迹、能源消耗与粮食生产的综合评价模型，分析主要农作物的耗水耗能特征，提出基于多目标规划的种植结构优化方案，推动"以水定产、量水而行"的农业转型。⑤农业水贫困与粮食生产脆弱性治理：以汾河流域为典型案例，评估农业水贫困与粮食生产脆弱性的时空演变规律，探索资源保护、设施完善与政策调控相结合的治理路径。

本书的创新性体现在以下三方面。①理论体系的拓展：将传统水资源配置理论延伸至“水-能-粮”多系统耦合框架，提出基于生态经济协调的区域农业资源优化配置理论。②方法论的融合：突破单一学科视角，集成地理空间分析、生态模型模拟与政策评估方法，构建多尺度、多维度的综合评价体系。③实践应用的突破：针对山西省南北差异显著的特点，提出分区治理策略，为黄河流域生态保护与高质量发展提供可操作的决策支持。

本书是笔者多年研究成果的结晶。本书共分为 8 章：第 1 章概述山西省农业水资源的自然禀赋、利用现状及优化配置背景，奠定研究的现实基础；第 2 章系统梳理水资源优化配置的理论基础，为后续研究提供方法论指导；第 3 章通过分区研究揭示山西省农业水土资源的空间分异规律与驱动机制；第 4 章定量分析山西省农业水足迹的时空演变特征，解析资源利用效率与生态影响；第 5 章探讨水资源与种植结构的耦合关系，提出结构优化路径；第 6 章聚焦“水-能-粮”系统协同，构建多目标优化模型，推动农业低碳转型；第 7 章以汾河流域为例，评估农业水贫困与粮食生产脆弱性，并提出综合治理对策；第 8 章从可持续利用角度，综合评价汾河流域农业资源利用水平，进而提炼出普适性管理经验。

山西省的农业水土资源问题是我国北方干旱半干旱地区的缩影。本书的研究成果不仅可以为山西省农业现代化提供科学支撑，也可以为类似区域破解资源约束、实现绿色发展提供参考。未来，随着气候变化影响的加剧与新技术革命的推进，农业资源管理将面临更多不确定性。我们期待本书能激发更多学者关注农业水土资源的复杂系统研究，共同探索人与自然和谐共生的可持续发展之路。

由于作者专业水平有限，书中难免存在不足与疏漏之处，敬请广大读者批评指正。

著　者

2024 年 10 月

目　录

第1章　山西省农业水资源概况

1.1　山西省地理位置与气候特征

山西省(北纬34°34′～40°44′,东经110°14′～114°33′),简称“晋”,位于中国华北地区,总面积约为15.67万平方千米,行政区轮廓略呈由东北斜向西南的平行四边形。山西省东与河北省为邻,西与陕西省相望,南与河南省接壤,北与内蒙古自治区毗连,是连接华北、西北和中原的重要枢纽。

山西省地处黄土高原的东翼,地貌类型复杂多样,包括山地、丘陵、高原、盆地和台地等。其中,山地和丘陵占据了总面积的80%左右,高原、盆地和台地等平川河谷则占总面积的20%左右。太行山和吕梁山是山西省的主要山脉,构成了山西省的东部和西部边界。这些山脉不仅为山西省提供了天然的分界线,还孕育了水资源和独特的生态系统。山西省大部分地区海拔在1000米以上,与其东部的华北大平原形成了强烈的对比。其中,山西省最高处为东北部的五台山叶斗峰,海拔高达3061.1米,是华北地区的最高峰;最低处位于南部边缘的运城市垣曲县东南西阳河入黄河处,海拔仅为180米。

山西省的地理位置对于其历史发展具有重要意义。自古以来,山西省就是中国北方的重要战略要地之一。战国时期,韩、赵、魏三家分晋,使得山西省成为“三晋”之地。此后,历代王朝都在此设立了重要的政治、军事和文化中心。这些历史积淀为山西省留下了丰富的文化遗产和独特的历史风貌。在文化方面，山西省是中国传统文化的重要发源地之一。这里不仅有众多的历史遗迹和名胜古迹，如平遥古城、乔家大院、云冈石窟等，还有丰富多彩的民俗文化和民间艺术。例如，山西的晋剧、鼓书、剪纸等艺术形式都具有浓郁的地方特色。

山西省的地理位置也为其经济发展提供了有利条件。作为国家重要的能源基地和原材料工业基地之一，山西省的煤炭、焦炭、钢铁等产业在全国具有重要地位。同时，随着国家对中部地区崛起战略的深入实施，山西省的经济发展也迎来了新的机遇。近年来，山西省在推动传统产业转型升级的同时，也积极培育新兴产业和现代服务业，努力实现经济的高质量发展。

1.2 水资源现状

山西省位于中国华北地区，是一个典型的黄土高原省份。由于地理位置、气候条件和地形地貌的影响，山西省的水资源状况相对较为严峻。

根据全国第二次水资源普查（1980—2000 年系列）结果，山西省多年平均水资源总量为 109.27 亿米^3，占全国水资源总量的比例较小，仅为 0.34%。与第一次水资源普查（1965—2000 年系列）相比，多年平均水资源量降低了 14.53 亿米^3。其中，地表水可利用量为 51.87 亿米^3，地下水可利用量为 50.03 亿米^3，重复计算量为 18.13 亿米^3。

2019 年山西省水资源总量为 97.3 亿米^3，仅占全国水资源总量的 0.34%。人均水资源量尚不足全国平均水平的 1/5，已严重低于世界缺水警戒线。

山西省的水资源补给主要来自降水，受季风的不稳定性影响，水资源总量的年际变化较大。从地域分布上看，山西省的水资源呈现出南多北少、东多西少的特点。南部地区由于地处黄土高原的南部边缘，气候较为湿润，降水量相对较多，因此水资源相对丰富。相比之下，北部地区气候较为干燥，降水量较少，水资源相对匮乏。这种南北分布不均的特点，使得南部地区在农业、工业和生活用水等方面具有较大的优势，而北部地区则面临着较为严重的水资源短缺问题。除南北分布不均外，山西省的水资源在东西方向上也存在一定的差异。东部地区由于靠近海河流域，河流众多，地表水资源相对丰富。而西部地区则地处黄土高原腹地，河流稀少，地表水资源相对匮乏。这种东西分布差异的特点，使得东部地区在水资源利用和供水方面具有较大的优势，而西部地区则需要依靠地下水等其他水源来满足用水需求。此外，山西省的地下水资源也呈现出一定的分布特点，主要分布在盆地和河谷地带。

山西省是农业大省，农业用水占全省用水总量的比重较大。长期以来，山西省在农田水利建设方面取得了积极进展，实施了大中型灌区续建配套与现代化改造等工程，提高了农业灌溉效率和水资源利用水平。然而，由于降水量时空分布不均、水资源开发利用不平衡等问题，农业灌溉仍面临一定的挑战。随着工业化进程的加快，山西省的工业用水量也在逐年增加。工业用水主要集中在能源、化工、冶金等重工业领域。近年来，山西省在推进工业节水减排方面取得了积极进展，通过实施节水技术改造、加强用水管理等措施，提高了工业用水效率。生活用水包括居民生活用水和城镇公共用水等。随着城市化进程的加快和人口增长，山西省的生活用水量也在逐年增加。为了保障居民生活用水安全，山西省加强了城市供水设施建设和改造，提高了供水水质和供水保障能力。

但是，山西省在水资源方面还存在以下问题：

(1)水资源短缺。山西省的水资源总量有限，且分布不均，导致部分地区水资源短缺问题突出。尤其是在北部和西部地区，由于降水量较少，地下水位下降严重，水资源短缺问题更加突出。

(2)水资源浪费和污染。由于历史原因和技术水平限制，山西省在水资源开发利用过程中存在一定程度的浪费和污染问题。部分地区的农业灌溉仍采用大水漫灌的方式，导致水资源利用效率低下；部分工业企业和城市污水处理厂排放的废水未经处理或处理不达标就直接排入河流或地下水体，造成水环境污染。

1.3 农业水资源优化配置的背景

农业水资源优化配置是保障农业生产稳定、提高水资源利用效率、促进经济社会可持续发展的关键环节，是指在特定流域或区域内，通过工程措施与非工程措施并举，对有限的不同形式的水资源进行科学合理的分配，以实现水资源的可持续利用，保障社会、经济、资源、生态环境的协调发展。这一过程不仅关注水资源的分配效率，也强调水的利用效率，旨在解决各部门、各行业间的用水竞争问题，同时促进内部节约高效用水。随着全球气候变化和水资源短缺问题的日益严峻，农业水资源优化配置的重要性愈发凸显。农业是用水大户，其水资源的利用效率直接影响国家粮食安全和农业可持续发展。通过优化配置，可以有效缓解水资源供需矛盾，提高农业生产效益，保护生态环境，实现经济、社会、环境的协调发展。

1.3.1 农业水资源优化配置的实施策略

1. 加强农田水利设施建设

农田水利设施是农业水资源优化配置的物质基础。因此，要加强大中型灌区的续建配套与现代化改造，建设高标准农田，完善灌溉体系，提高灌溉保证率和抵御自然灾害的能力。同时，要注重小型农田水利设施的建设和维护，确保农田灌溉的畅通无阻。

2. 推广节水灌溉技术

节水灌溉技术是提高农业水资源利用效率的重要手段。因此，要大力推广喷灌、滴灌、微灌等节水灌溉技术，利用土壤水分传感器、自动喷灌系统等现代科技手段实现灌溉的智能化、精细化控制。此外，还应加强节水灌溉技术的研发和创新，不断提高节水灌溉的效果和适应性。

3. 建立健全水资源监测与管理系统

建立健全水资源监测与管理系统是实现农业水资源优化配置的重要保障。因此，要建设完善的水资源监测网络，实现对农业用水的实时监测和管理。同时，要制定科学的灌溉制度和水资源分配政策，引导农民合理利用水资源。此外，还应加强农业水资源科研与技术推广力度，提高农民的水资源管理意识和技能。

4. 强化政策引导与激励

政策引导与激励是实现农业水资源优化配置的重要推手。因此，要通过制定和实施相关政策措施，如政府补贴、税收优惠等激励农民采用节水灌溉技术和措施。同时，要加强水资源管理和保护法规的制定和执行力度，依法查处违法取水行为，保障水资源的可持续利用。

5. 推动水资源市场化运作

推动水资源市场化运作是实现农业水资源优化配置的有效途径。因此，要建立完善的水权交易制度和水市场体系，允许农业节余用水权进行交易和流转，通过市场机制的作用促进水资源的合理配置和高效利用，提高水资源的使用价值和效益。

1.3.2　农业水资源优化配置面临的挑战

1. 水资源短缺与需求增长矛盾

随着人口增长和经济发展，农业水资源需求不断增加，水资源短缺问题日益严重。这一矛盾使得农业水资源优化配置的难度不断加大，需要采取有效的措施加以解决。

2. 水污染与生态环境破坏

工业和城市排放的污染物对水资源造成污染，影响了农业用水的安全和质量。同时，过度开发和不合理利用水资源也导致了生态环境的退化，如湿地萎缩、河流断流等现象时有发生。这些问题对农业水资源优化配置构成了严峻挑战。

3. 技术推广与普及难度大

节水灌溉等先进的水资源管理技术虽然具有显著的节水效果，但其推广和普及难度较大。一方面，农民对新技术的认知度和接受度有限；另一方面，新技术的成本较高，农民难以承担。因此，如何降低技术推广成本，提高农民对新技术的认知和接受度，是亟待解决的问题。

4. 管理体制与机制不健全

当前农业水资源管理体制与机制尚不健全，存在多头管理、职责不清等问题，这不仅影响了水资源的合理配置和高效利用，也制约了农业水资源优化配置工作的开展。因此，加强管理体制与机制建设，完善相关法规和政策体系，是保障农业水资源优化配置顺利实施的关键。

1.3.3 农业水资源优化配置的未来展望

1. 加强科技创新与研发

科技创新是推动农业水资源优化配置的重要动力。未来应加强节水灌溉技术、水资源监测与管理技术等关键技术的研发和创新，提高技术的适应性和实用性。同时，加强跨学科合作，推动农业、水利、环境等多领域技术的融合创新，为农业水资源优化配置提供有力支撑。

2. 推进智慧农业建设

智慧农业是农业现代化的重要方向之一，也是实现农业水资源优化配置的重要途径。未来应加快推进智慧农业建设，利用物联网、云计算、大数据等现代信息技术手段实现农业水资源的精准监测、智能调度和高效利用。通过智慧农业建设，提高农业生产效益和资源利用效率，促进农业可持续发展。

3. 加强国际合作与交流

水资源问题是全球性问题，因此，需要加强国际合作与交流，共同应对水资源短缺和水资源污染等挑战。未来应加强我国与国际组织、其他国家及地区在水资源领域的合作与交流学习，借鉴先进的水资源管理经验和技术成果，推动农业水资源优化配置工作的深入开展。

4. 强化公众教育与参与

公众教育与参与是提高农业水资源利用效率的重要保障。未来应加强节水宣传教育，普及节水知识和理念，提高公众的节水意识和参与度。同时，鼓励公众参与节水活动和水资源保护工作，形成全社会共同参与的良好氛围，推动农业水资源优化配置工作的深入开展。

第2章　水资源优化配置的理论基础

2.1　水资源优化配置的概念与原则

2.2.1　水资源优化配置的概念

水资源优化配置是指在特定的流域或区域范围内，通过一系列科学的方法和手段，对有限的水资源在不同领域、不同区域、不同时间进行合理的分配和利用，以满足社会、经济、环境等多方面的需求，实现水资源的可持续利用和社会经济的可持续发展。这是一个复杂而系统的工程，需要综合考虑水资源的自然条件、社会经济发展需求、生态环境保护等多个因素。

从广义上讲，水资源优化配置不仅涉及对水资源的开发、利用，还包括对水资源的保护与管理。它要求在满足人类基本生活用水和农业、工业、生态等重点领域用水需求的同时，确保水资源的利用不会对生态环境造成负面影响。通过工程措施（如水库建设、跨流域调水等）和非工程措施（如节水技术推广、水资源管理制度建设等）的综合运用，水资源优化配置旨在达到水资源供需平衡，实现经济、社会和环境的综合效益最大化。

2.2.2　水资源优化配置的原则

为了实现水资源优化配置的目标，我们需要遵循一系列基本原则。这些原则不仅体现了对水资源自然属性的尊重，也反映了人类社会对水资源利用的理性和智慧。

1. 公平性原则

公平性原则是水资源优化配置的基础。它要求在水资源分配和利用过程中，充分考虑不同区域、不同领域、不同群体的用水需求，确保各方都能获得合理的水资源份额。这既包括对当代人用水需求的公平满足，也考虑到未来世代对水资源的需求权利，体现了代际公平的思想。

2. 高效性原则

高效性原则强调水资源的利用效率。它要求在有限的水资源条件下，通过采用先进的节水技术、提高水资源管理水平等措施，最大限度地减少水资源的浪费和损失，提高水资源的利用效率和效益。这不仅有助于缓解水资源短缺的压力，还能促进经济社会的可持续发展。

3. 可持续性原则

可持续性原则是水资源优化配置的核心。它要求在满足当前用水需求的同时，不损害水资源的再生能力和生态环境的健康稳定。它要求通过合理抑制需求、有效增加供水、积极保护生态环境等手段和措施，实现水资源的可持续利用和生态环境的持久性发展。这既是对自然资源的尊重和保护，也是对人类自身生存环境的负责。

4. 综合性原则

综合性原则体现了水资源优化配置的系统性和整体性。水资源优化配置不仅涉及水资源的分配和利用问题，还与水资源的保护、生态环境的改善、社会经济的发展等多个方面密切相关。因此，在水资源优化配置过程中，需要综合考虑各种因素之间的相互作用和影响，采取综合性的措施和手段，以实现整体效益的最大化。

5. 优先保障原则

优先保障原则是指在水资源有限的情况下，优先保障人民群众的基本生活用水和农业、工业、生态等重点领域的用水需求。这是基于水资源对人类生存和社会经济发展的重要性所做出的合理决策。优先保障这些关键领域的用水需求，可以确保社会的稳定和经济的发展不受水资源短缺的影响。

6. 节水优先原则

节水优先原则强调在水资源优化配置中应把节水放在首位。它要求通过推广节水技术、提高节水意识、加强节水管理等措施，减少水资源的浪费和损失，提高水资源的利用效率。这既有助于缓解水资源短缺的压力，也有助于培养人们的节水习惯和节水意识，形成全社会共同关注水资源保护的良好氛围。

7. 流域统筹原则

流域统筹原则要求在水资源优化配置过程中，注重流域的整体性和协调性。由于水资源具有流动性和连通性等特点，因此，流域内的水资源利用和保护需要统筹考虑上下游、左右岸的关系和利益。流域统筹原则要求通过加强流域内各区域之间的合作与协调，实现水资源的合理调配和共同保护，促进流域社会经济的可持续发展和生态环境的持久性发展。

8. 开发与保护并重原则

开发与保护并重原则体现了水资源优化配置中的平衡思想。它要求在合理开发利用水资源的同时，注重水资源的保护和修复工作；要求通过加强水资源保护和水生态修复等措施，维护水资源的自然属性和生态功能不受破坏或过度利用的影响。这既是对自然资源的尊重和保护，也是对人类社会自身生存环境的负责。

9. 近期与远期相结合原则

近期与远期相结合原则要求在水资源优化配置过程中，既要考虑当前的用水需求和实际情况，也要兼顾未来的发展趋势和长远利益。它要求通过制订合理的规划和计划，确保水资源的开发利用能够持续稳定地满足社会经济的发展需求，同时避免对未来世代造成不利影响或负担。

总之，水资源优化配置是实现水资源可持续利用和社会经济可持续发展的重要手段。遵循公平、高效、可持续利用等原则，并采取有效的措施和手段，可以确保水资源的合理分配和利用，促进经济社会的可持续发展和生态环境的持久性发展。在未来的发展中，我们需要继续加强水资源优化配置的研究和实践，不断探索更加科学、合理、高效的水资源利用模式，为人类的生存和发展提供更加坚实的水资源保障。

2.2　水资源优化配置的发展

国外在水资源优化配置领域的研究较早。最早在 1946 年，美国学者马斯(Masse)将优化概念引入水库调度中，这是水资源优化配置研究的起点。然而，由于当时理论和方法的不成熟，这一领域的研究并未迅速展开。

进入 20 世纪 50 年代后，随着全球范围内水资源问题的日益突出，人们开始意识到需要从系统的角度对水资源进行综合分析与管理。这一时期的标志性事件之一是美国哈佛大学"哈佛水资源规划组"于 1955 年提出了将水资源与环境系统统一考虑的设想，探索经济目标、工程分析和政府决策间的关系，这一设想为水资源系统分析奠定了思想基础。1962 年，哈佛水资源规划组出版了《水资源系统分析》一书，正式将系统分析引入水资源规划领域，开始了流域水资源配置模型的研究。这一时期的研究主要集中在如何将系统分析的方法应用于水资源管理中，以解决单一水库调度、区域水资源分配等问题。同时，一些发达国家开始利用计算机技术进行水文资料的整编和分析，为水资源系统分析提供了技术支持。

进入 20 世纪 70 年代，随着计算机技术的广泛应用和系统工程理论的不断发展，水资源系统分析进入了一个快速发展阶段。这一时期的研究不再局限于单一水库或流域的水资源分配问题，而是开始扩展到跨流域、跨地区的水资源联合调度利用以及水资源与其他资源（如能源、粮食）的协调管理。如 1972 年，一些学者开始将线性规划和动态规划应用于水资源配置中，提出了水资源系统模拟的一些思路。这些方法的应用使得水资源系统分析更加科学和精确。同时期，多目标分析被引入水资源规划中，系统动力学也被用于水资源系统的研究。这些方法的引入使得水资源系统分析能够更全面地考虑经济、社会、生态等多方面的因素。

进入 20 世纪 80 年代以后，水资源系统分析的观点逐渐得到国际社会的广泛认可和应用。这一时期的研究不再局限于发达国家，许多发展中国家也开始重视水资源系统分析在水资源管理中的重要作用。同时，随着全球水资源问题的日益复杂化和多样化，水资源系统分析的研究也呈现出多元化的趋势。传统的以供水量和经济效益最大为水资源优化配置目标的模式已不能满足需要，国内外开始在水资源优化配置中注重水质、环境效益约束以及水资源的可持续利用。

进入 20 世纪 90 年代，随着工业化和城市化进程的加速，水污染问题日益突出，水质恶化对生态环境和人类健康构成了严重威胁。传统的以供水量和经济效益最大为目标的水资源优化配置模型已不适应水资源的发展趋势，促使人们开始意识到水质约束在水资源管理中的重要性。一些学者开始在水资源配置模型中引入水质约束条件，以确保水资源的合理利用。他们通过构建水资源可持续利用的理论体系，明确了水资源可持续利用的内涵、原则、目标和实现途径；通过引入生态需水、水资源承载能力、水资源高效利用等概念和方法，为水资源可持续利用提供了理论支持和实践指导。特别是 1992 年联合国环境与发展大会通过的《21 世纪议程》等文件，强调了水资源可持续利用的重要性，并推动了各国政府在水资源可持续利用方面的政策制定和实施。此后，各国纷纷出台相关政策措施，加强水资源管理和保护，推动水资源可持续利用。

进入 21 世纪，国外关于水资源优化配置的相关理论与实践发展呈现出了多元化、综合化和国际化的趋势。在理论框架方面，随着系统科学、环境科学、经济学等多学科的交叉融合，水资源优化配置的理论框架不断完善。学者们开始构建更加复杂、全面的水资源优化配置模型，考虑更多的影响因素和约束条件，如水质、生态需水、社会经济需求等。

在新技术应用方面，计算机技术的飞速发展推动了水资源优化配置中数值模拟和仿真技术的广泛应用。地理信息系统(GIS)、遥感、大数据等新技术为水资源优化配置提供了强大的技术支持，使得复杂的水资源系统模拟和优化成为可能。同时，研究热点也随着全球化和区域一体化的发展，从单一区域、流域发展为跨区域、跨流域的水资源优化配置。学者们开始关注不同区域、不同流域之间水资源的协同管理和优化调度，以实现水资源的合理利用和高效配置。另外，研究目的也由传统的以经济效益最大化为目标转向多目标优化和可持续利用的新趋势。学者们开始构建多目标规划模型，将经济、社会、环境等多方面效益纳入水资源优化配置的目标函数中，以实现水资源的可持续利用。

在实践应用与推广方面，各国政府与国际组织在水资源优化配置领域强化了合作与交流，携手推进了一系列国际合作项目。这些项目不仅促进了水资源优化配置理论的深入发展与完善，还为实际操作层面提供了宝贵的经验与成功范例。为了进一步强化水资源管理与保护，各国政府相继出台了一系列相关政策法规，如水资源管理战略、水资源保护法等，明确界定了水资源优化配置的具体目标、任务及实施措施，为水资源的有效配置提供了坚实的政策支撑。通过实施这些科学合理的水资源优化配置方案,各国在提升水资源利用效率、缓解水资源短缺问题以及改善水环境等方面均取得了显著成就。这些实践成果不仅有力地支撑了当地的经济社会发展,同时也为其他国家提供了宝贵的经验与借鉴,推动了全球水资源管理水平的共同提升。

我国在水资源优化配置方面的研究起步较晚,但发展很快。我国的水资源优化配置研究可划分为三个阶段,具体如下。

第一阶段为水资源优化配置起步阶段(20 世纪 60 年代初期至 80 年代初),我国的水资源优化配置研究踏上了初步探索的征程。这一阶段的研究工作主要聚焦于水库优化调度与区域水资源分配两大核心议题。当时,国家正处于经济发展的初期阶段,社会经济发展水平相对较低,农业作为国民经济的基础,满足其灌溉需求以及工业生产的用水需求成了水资源开发利用的首要目标。在这一背景下,如何高效、合理地利用有限的水资源,成了一项重大挑战。受当时计算技术条件的制约,水资源优化配置的研究和实践相对简单,尚未构建起一套完整的理论和方法体系。尽管如此,科研工作者们依然在这样的条件下,开始了对水库优化调度的积极探索。水库作为调节水资源的重要工具,其优化调度对于提高水资源利用效率、减少蓄水浪费具有至关重要的意义。在这一阶段,研究者们致力于通过科学合理的调度策略,确保水库在干旱季节或紧急情况下能够满足用水需求,从而为农业灌溉和工业用水提供稳定可靠的水源保障。与此同时,区域水资源分配问题也逐渐进入了学者们的视野。面对有限的水资源条件和区域内各用水部门日益增长的用水需求,如何公平、合理地分配水资源,成了亟待解决的问题。学者们开始尝试运用系统工程的理论方法,对特定区域的水资源进行全面梳理和合理规划,以期在有限的水资源条件下,最大限度地满足各用水部门的需求,减少缺水量,为区域经济社会的发展提供坚实的水资源支撑。然而,这一阶段的研究工作也存在一些问题。首先,在研究目标上,由于当时社会经济发展的需要，研究者们主要关注的是经济效益，即如何通过优化调度和分配，提高水资源的利用效率，满足用水需求，而对于生态效益和社会效益的考虑相对较少。其次，在研究方法上，由于计算技术条件的限制，研究者们多依赖于经验方法和常规调度方法，这些方法虽然直观易行，但在处理多目标、多约束和复杂水利系统的调度问题时，显得力不从心。尽管如此，通过这一阶段的水库优化调度和区域水资源分配的研究与实践，我国科研工作者们还是初步形成了水资源优化配置的基本思路和方法，为后来的深入研究提供了宝贵的经验和启示。这些经验和启示不仅为我国水资源优化配置工作的进一步开展奠定了坚实的基础，也为其他国家提供了有益的借鉴和参考。

第二阶段为区域水资源优化配置研究阶段(20 世纪 80 年代中期至 90 年代初)，我国水资源优化配置研究迈入了一个新的发展阶段。这一阶段的研究不仅深化了前一时期的探索，更在理论与方法上实现了重要突破。随着国家经济社会的快速发展，水资源短缺问题日益成为制约经济发展的瓶颈，使得对水资源优化配置的研究显得尤为迫切和重要。在此背景下，我国开始更加重视水资源管理的科学性和系统性，水资源优化配置研究也逐渐成为水资源领域的研究热点。在这一阶段，区域水资源优化配置成了研究的重点议题。学者们致力于在区域尺度上探索如何合理分配水资源，以满足农业、工业、生活等不同用水部门的需求，同时兼顾经济效益、生态效益和社会效益的协调发展。为了实现这一目标，研究者们引入了系统工程、多目标决策分析、模拟模型等现代科学方法，对区域水资源进行了深入的定量分析和优化配置。这些方法的运用，不仅提高了水资源配置的科学性和合理性，也为后续的水资源管理提供了有力的技术支持。

除区域水资源优化配置外，水资源经济效益优化也是该阶段研究的重要内容之一。在满足基本用水需求的基础上，如何追求水资源利用的经济效益最大化，成了研究者们关注的焦点。通过建立水资源优化配置模型，对区域水资源开发利用方案进行经济评价，选择最优方案以提高水资源利用的经济效益，这一实践应用为区域经济发展提供了有力支撑。同时，随着生态环境问题的日益突出，水资源可持续利用也成了研究的新视角。学者们开始关注水资源开发利用对生态环境的影响，以及如何实现水资源的可持续利用。在这一背景下，学者们提出了基于生态需水保障的水资源优化配置理论和方法，为水资源的可持续利用提供了重要的理论支持。该阶段的研究还呈现出多目标决策分析、定量分析与定性分析相结合、理论与实践相结合等特点。研究者们不再单一追求经济效益，而是开始综合考虑经济效益、生态效益和社会效益的协调；在研究方法上，既注重定量分析的精确性，又引入定性分析的方法，对区域水资源状况、用水需求、生态环境等因素进行全面考虑。同时，研究也不再局限于理论探讨，而是开始注重理论与实践的结合，通过实际案例的分析和应用来验证理论方法的可行性和有效性。

然而，尽管该阶段的研究取得了显著成果，但仍存在一定的不足。例如，研究范围虽逐渐扩大，但仍对某些特殊地区或特定条件下的水资源优化配置研究不够深入；部分研究方法在处理复杂多变的水资源系统时，仍存在一定的局限性。

第三阶段为可持续发展与生态保护阶段（20 世纪 90 年代后期至今），自 20 世纪 90 年代后期以来，我国在水资源优化配置领域的研究与实践取得了显著成就，这一进程不仅深刻反映了国家经济快速发展与人口增长带来的水资源挑战，也彰显了我国在应对这些挑战时所展现出的科研创新能力和实践智慧。面对水资源短缺与水污染双重压力，尤其是北方黄、淮、海河流域的严峻形势，我国水资源管理的研究与实践逐步从单一的水量配置转向更为综合的水量水质联合配置，旨在实现水资源的可持续利用与生态环境的和谐共生。

在理论研究层面，我国学者积极探索，提出了一系列创新性的水量水质统一优化配置模型，如基于生态经济效益的配置方案生成模型，以及河流“双总量”控制技术框架，这些理论成果为水资源管理提供了坚实的科学基础。例如，我国学者提出的基于广义蒸发蒸腾量的水资源与水环境综合规划理念，不仅在海河流域得到了成功应用，而且为全国范围内的水资源优化配置提供了新思路，强调了水量与水质并重的重要性，促进了水资源管理的科学性和可持续性。

多目标决策分析方法的引入，进一步提升了水资源规划的科学性和实用性。通过将区域水资源规划融入宏观经济与环境系统，采用多目标技术进行综合考量，决策者能够更全面地评估不同策略的影响，从而制定出更加合理有效的水资源管理方案。在这一过程中，坚持可持续发展、优先保障生态与生活用水、追求用水效益最大化等原则，成为指导水资源优化配置的重要准则。

在工程技术手段方面，南水北调工程的实施是我国水资源优化配置的一大里程碑。这一跨区域的调水工程，不仅有效缓解了北方地区的严重缺水问题，还通过先进的水资源调配技术，展示了我国在大型水利工程建设上的雄厚实力。同时，针对地下水超采这一严峻问题，我国学者开展的基于耗水均衡的地下水数值模拟研究，为科学合理地管理地下水资源提供了技术支持，有助于保护地下水生态系统，实现水资源的长期可持续利用。

这些研究成果不仅在国内产生了深远影响，提高了水资源的利用效率，改善了水环境质量，促进了经济社会与生态环境的协调发展，而且在国际上也引起了广泛关注，为其他国家解决类似水资源问题提供了宝贵经验和借鉴。我国在水资源优化配置领域的理论创新与实践成就，彰显了中国智慧和中国方案在全球水资源管理中的独特价值。

展望未来，随着全球气候变化的加剧和水资源问题的复杂化，我国在水资源优化配置方面的研究仍需不断深化。加强水量水质联合配置研究，探索更加科学合理的管理方法和技术手段，将是我国持续努力的方向。同时，加强国际合作与交流，共同应对全球水资源挑战，对于构建人类命运共同体，实现全球水资源的安全、高效、公平利用具有重要意义。我国将继续在全球水资源管理领域发挥积极作用，为推动全球水资源可持续利用贡献中国力量。

2.3 国内外农业水资源优化配置的案例分析

在全球水资源日益紧张的背景下，农业作为水资源消耗的主要领域，其水资源的优化配置成为各国共同面临的重大挑战。面对不同的自然条件和经济发展水平，各国在农业水资源管理上展现出了多样化的策略和技术创新。本节通过分析以色列、美国、澳大利亚三个国外案例，以及宁夏盐池县、甘肃民乐县、浙江义乌市三个国内案例，探讨农业水资源优化配置的成功经验，为全球农业水资源管理提供借鉴和启示。

2.3.1 以色列：精准农业与高效灌溉的奇迹

以色列，这个位于中东的沙漠国家，以其卓越的精准农业与高效灌溉技术在全球范围内赢得了极高的声誉。面对极端恶劣的自然条件，以色列人民凭借着智慧和科技力量，成功地将广袤的沙漠变成了生机勃勃的绿洲，创造了农业史上的奇迹。

以色列的精准农业是现代农业科技的集大成者，强调利用现代信息技术对农业生产进行精细化管理，以实现资源的高效配置和环境的友好保护。农业部门广泛采用卫星遥感、无人机、传感器等高科技手段，对农田进行实时监测，收集土壤湿度、气候条件、作物生长状况等关键信息。这些数据通过先进的计算机处理系统进行分析，为农业生产提供精准的指导。在精准农业的引领下，以色列农民能够根据作物的实际需求和生长状况，精确控制灌溉、施肥、病虫害防治等生产环节，这种精细化管理方式不仅大幅提高了农业生产效率，还有效减少了资源浪费和环境污染。

在高效灌溉技术方面，以色列的滴灌和微喷灌技术堪称奇迹。滴灌技术通过在作物根部设置滴头，将水以水滴的形式缓慢而均匀地滴入土壤中，直接供给作物根部吸收，避免了水资源的浪费和蒸发损失，保证了作物对水分的充分吸收和利用。微喷灌技术则是将水分以雾状形式均匀喷洒在作物叶片和土壤表面，为作物提供适宜的水分和湿度环境，有利于作物叶片的光合作用和蒸腾作用，保持土壤湿润，促进根系发育和作物生长。

此外，以色列的精准农业与高效灌溉技术还融入了智能化和自动化元素。人们通过安装传感器和控制系统，实时监测土壤湿度、气候条件和作物需水量等参数，并根据这些信息自动调整灌溉策略。智能灌溉系统的应用使得灌溉过程更加精准、高效和自动化，减少了人为管理的成本和劳动力需求，提高了农业生产效率，降低了资源消耗和环境污染。

以色列的成功经验表明，科技是农业现代化的关键驱动力。面对资源约束和环境压力的挑战，我们需要不断创新农业科技手段，提高农业生产效率和资源利用效率。

2.3.2　美国：综合节水措施与跨流域调水工程的典范

美国，作为全球科技与经济的领头羊，在应对水资源短缺的挑战时，展现出了一定的智慧与创新实力。其综合节水措施与跨流域调水工程构成了一套全面且高效的水资源管理体系，确保了水资源的可持续利用，推动了经济社会的进步。

在综合节水措施方面，美国采取了从水源保护到高效利用的全方位策略。国家通过立法和严格执法来保护水源，防止水土流失和污染。内政部垦务局和陆军工程兵团等机构在全国范围内负责水资源的开发与保护。在农业领域，滴灌、喷灌等现代灌溉技术得到广泛应用，显著提高了灌溉水的利用效率，减少了蒸发损失和渗漏。此外，美国还注重节水农业与农作物施肥、施药的结合，通过精准管理进一步提升了水资源的使用效益。在工业和城市用水方面，美国通过改进生产工艺、循环利用水资源、推广节水器具和加强管网漏损管理等方式，有效降低了水资源的浪费。同时，美国还积极鼓励公众参与节水行动，通过宣传教育提高公众的节水意识，形成了全社会共同节水的良好氛围。

跨流域调水工程是美国解决水资源分布不均问题的重要手段。美国已建成了多项大型跨流域调水工程，如科罗拉多—大汤普逊河调水工程、萨克拉门托河圣华金河调水工程以及加州的北水南调工程等。这些工程通过修建水库、泵站、隧洞等设施，将水资源从丰富的地区调往干旱缺水的地区，不仅解决了当地的农业灌溉和城市用水问题，还实现了水资源的多目标综合利用。其中，科罗拉多—大汤普逊河调水工程和加州的北水南调工程更是成了跨流域调水工程的经典案例，展现了美国在水利工程规划、设计、建设和管理方面的卓越能力。

美国的综合节水措施与跨流域调水工程取得了显著的综合效应，有效缓解了水资源短缺问题，保障了农业、工业和城市用水的需求，提高了水资源利用效率，促进了节水产业的发展，推动了经济的可持续发展。美国的成功经验对我国具有重要的借鉴意义，我们可以借鉴其先进技术和管理经验，加强水源保护，推广节水灌溉技术，提高工业和城市用水效率，同时学习其跨流域调水工程的规划设计理念和运营管理机制，确保工程的经济效益、社会效益和环境效益的协调统一。

2.3.3 澳大利亚：节水灌溉与雨水收集的先锋

澳大利亚，这个坐落于南半球的大陆国家，以其独特的自然环境和卓越的水资源管理方式在全球范围内享有盛誉。面对广袤的干旱和半干旱地区以及相对匮乏的水资源，澳大利亚人民长期以来坚持不懈地探索和实践高效的节水灌溉方法与先进的雨水收集系统，为全球水资源管理贡献了宝贵的经验。

在节水灌溉方面，澳大利亚展现了其高效性和创新性。农业领域广泛采用了滴灌和喷灌技术，通过埋入地下的细小管道，将水和肥料溶液直接输送到作物根部，显著减少了水分的蒸发和渗漏损失，同时实现了精准施肥，有效避免了肥料的浪费和环境污染。据统计，滴灌技术能够节省大量的水和肥料，同时提高作物的产量和品质。此外，澳大利亚农民还采用了一种独特的果园灌溉策略，即在春季落叶期间对果树进行适度的水分限制，以抑制其生长，而在夏季则增加灌水量以促进水果的生长。这种方法不仅使果树保持矮小的形态，减少了修剪的需求，还实现了水果产量的增加。试验表明，这种灌溉策略可以节省 20％的用水量，同时使水果产量增加 20％。

在雨水收集系统方面，澳大利亚同样表现出色。雨水收集系统通过精心设计的收集面、输送系统和储存设施，有效地收集、储存和利用雨水，为农业、城市绿化和居民生活提供了宝贵的水资源。雨水收集系统被广泛应用于各种场合，从家庭屋顶到学校校园，再到企事业单位，都可见到其身影。例如，悉尼奥林匹克体育场就采用了先进的地下雨水回收系统，通过导水沟槽将雨水收集并储存在地下储水池中，再通过水泵将水抽入地面的储水容器，用于浇灌草坪等。这种系统不仅方便实用，还大大节约了地下水的开采量，减轻了城市排水系统的负担。

除收集和储存雨水外，澳大利亚还非常注重雨水的净化和再利用。生物滞留池和人工湿地是两种常见的雨水净化设施。生物滞留池通过种植植物和过滤介质的作用，对雨水进行净化并暂时储存，然后慢慢渗入土壤。人工湿地则利用湿地内的物理、化学和生物过程来净化城市雨水。这些设施不仅改善了水质，还减少了城市排水系统的负担和洪涝灾害的风险，同时促进了生态环境的改善。

澳大利亚的节水灌溉方法与雨水收集系统取得了显著的综合效应，不仅有效缓解了水资源短缺问题，保障了农业、工业和城市用水的需求，还通过提高水资源利用效率和发展节水产业，促进了经济的可持续发展。同时，雨水收集系统的应用还有助于改善土壤质量、促进植被生长和提高生态环境质量，实现了节水减排和生态修复的双重目标。

2.3.4 中国宁夏盐池县：干旱带上的节水灌溉典范

盐池县，位于宁夏中部干旱带，犹如一颗璀璨的明珠，镶嵌在毛乌素沙漠的南缘。这里年均降水量仅 280 毫米左右，而蒸发量却高达 3000 毫米以上，水资源匮乏成为制约当地经济社会发展和农业生产的关键因素。然而，盐池县人民没有选择退缩，而是勇敢地迎接挑战，通过大力推行农业高效节水灌溉，成功破解了水资源短缺的瓶颈。

盐池县位于陕、甘、宁、蒙四省（区）交界地带，境内干旱少雨，水资源总量有限。面对这样的自然条件，盐池县深知传统的大水漫灌方式已难以为继，必须走高效节水的现代农业发展之路。因此，盐池县将发展高效节水灌溉作为农业转型升级的重要举措，全方位落实节水措施，规范取用水行为，抑制不合理用水需求。

在措施与实践方面，盐池县采取了多项有力举措。首先，全面推广高效节水灌溉技术，如滴灌、喷灌等。这些技术通过埋入地下的细小管道，直接将水和肥料精准送达作物根部，大大减少了水分的蒸发和渗漏损失，提高了水资源的利用效率。在马儿庄村，村民们通过铺设滴灌管，实现了玉米亩产的大幅提升，同时节省了大量水资源。其次，盐池县投入巨资建设现代化生态灌区，新建泵站、测控一体化闸门、自动化控制系统等现代化设施，让万亩农田实现了精准灌溉、科学用水。这些设施不仅提高了灌溉效率，还减轻了农民的劳动强度。此外，盐池县还坚持“以水定产”原则，根据水资源总量合理安排农业生产规模，通过优化调整种植结构和农业生产方式，减少高耗水作物的种植面积，增加节水作物的种植面积。同时，加强田间用水管理，采取先下游、后上游，先高口、后低口，提前开灌、轮灌、错峰补灌等措施，有效减小了灌溉用水高峰期的供水压力。最后，盐池县还积极探索并建立了多种节水灌溉运行管理模式，如“支部＋合作社＋农户”模式、“公司＋农户”模式等，实现了灌溉设施的长期稳定运行和农业生产的集约化管理。

经过多年的努力，盐池县的农业高效节水灌溉取得了显著成效。据统计，盐池县的农田灌溉水有效利用系数达到 0.676，高于全国平均水平 10 个百分点以上，亩均用水量显著降低。同时，盐池县的农业生产效益显著提升，农民收入不断增加。更为重要的是，盐池县的生态环境得到了显著改善，昔日的荒漠变成了阡陌纵横的绿洲，林木保存面积达到 374.6 万亩（截至 2023 年底），生态环境发生了人进沙退的根本性逆转。

2.3.5　中国甘肃民乐县：祁连山北麓的节水农业探索

民乐县，位于甘肃省西北部，地处祁连山北麓，是典型的内陆干旱区。由于水资源匮乏，民乐县的农业灌溉主要依赖地下水及有限的地表水。面对严峻的水资源形势，民乐县深知传统的大水漫灌方式已无法满足可持续发展的需求，必须寻找新的农业灌溉模式。因此，民乐县将高效节水灌溉作为农业发展的核心战略，通过科技创新和机制改革，全力推动农业节水增效。

在措施与实践方面，民乐县同样采取了多项有力举措。首先，全面推广高效节水灌溉技术，如滴灌、喷灌等。这些技术通过精准控制灌溉水量和施肥量，实现了水肥一体化管理，大大提高了水资源的利用效率。甘肃华瑞农业股份有限公司的 1.41 万亩高效节水灌溉区就是一个生动的例子，其喷灌和滴灌技术显著降低了亩均用水量，年节水量达数百万立方米。

其次，民乐县大力推进高标准农田建设，通过土地平整、土壤改良等措施，提高农田灌溉效率和作物产量。同时，依托物联网、大数据等现代信息技术，建成了一批智慧农业项目。这些项目通过墒情传感器、自动气象站等设备收集田间数据，实现智能管理、远程可视、精准节水。三堡现代智慧农业节水示范项目就是其中的佼佼者，它采用物联网技术，实现了高标准农田的精细化、定量化灌溉，节水效果显著。

再次，民乐县还坚持“以水调结构、以水定产业”的农业生产节水思路，通过调整农业种植结构，减少高耗水作物种植比例，增加低耗水、高效益作物种植面积。同时，加强水资源管理，实施总量控制与定额管理相结合的水资源管理制度。民乐县通过建设蓄水池、连通中小河流等措施，构建起全县各灌区间相互贯通的水网格局，实现了水资源的统筹调配和高效利用。

最后，在推广节水农业先进技术和耕作技艺方面，民乐县也不遗余力。马铃薯垄膜沟灌、水肥一体化、高原夏菜膜下滴灌等节水农业先进技术和耕作技艺在民乐县得到了广泛应用。这些技术通过改进灌溉方式和耕作模式，提高了作物产量和品质，同时减少了水资源消耗。此外，民乐县还鼓励企业开展节水改造和技术创新，推动农业节水技术的普及和应用。

2.3.6 中国浙江义乌市：“工业水效论英雄”的节水改革

义乌市，位于浙江省东部，被誉为“世界小商品之都”。然而，这座繁荣的城市却面临着一项严峻的挑战：人均水资源量仅为全国平均水平的$\frac{1}{4}$。面对这一困境，义乌市并未退缩，而是敢于创新，率先在全市范围内开展了一场名为“工业水效论英雄”的节水改革，走出了一条独具特色的节水创新之路。

作为浙江省17个缺水地区之一，义乌市的水资源短缺严重制约了其经济社会的快速发展。传统的工业用水模式效率低下，水资源浪费严重。如何在保证经济发展的同时，实现水资源的节约与高效利用，成了义乌市必须面对的重大课题。

为了破解这一难题，义乌市采取了一系列有力的改革举措。首先，义乌市在全国率先将节水指标纳入工业企业亩产效益综合评价体系，形成了一套完整的工业节水综合评价指标。这一体系以“效率为王、正向激励、反向倒逼”为核心，通过科学评价企业水资源利用效率，全面提升工业企业节水意识和节水能力。2023 年，义乌市共有 1915 家企业参与了“水效论英雄”综合评价，覆盖了全市所有生产制造类用地 3 亩以上的宗地企业。

除建立综合评价指标外，义乌市还根据行业特色，为不同类型的企业提供了定制化的“节水方案”。例如，义乌双童日用品有限公司就打造了雨水集蓄利用、中水回用、分质供水、工业水循环利用、生产热水循环利用和纯净水供应等六大综合节水系统，将公司年用水量从 22 万立方米降至 2 万立方米左右，节水率高达 91%，水资源重复利用率达 95%以上，年节省水费超 100 万元。这种因企制宜的节水方案，不仅有效提升了企业的节水效率，还推动了整个行业的节水工作。

此外，义乌市还投资 2000 万元对多家印染、造纸等高耗水企业进行节水设施改造，建成了 70 套中水回用设备，实现了高耗水企业中水回用设施建设全覆盖。这些措施不仅提高了企业的废水循环利用率，还为企业可持续发展提供了有力保障。以义乌光伏产业龙头企业晶澳太阳能科技股份有限公司为例，该企业积极使用再生水，通过数字化系统过滤回流中水，有效提高了废水的循环利用率。2023 年，该企业的再生水使用量超过了 300 万吨，优质自来水的置换率高达 80%～90%。

经过几年的努力，义乌市的“工业水效论英雄”改革取得了显著成效。义乌市省级节水型企业数量达到了 21 家，万元地区生产总值、万元工业增加值用水量同比减少 17%、57%，企业节水内生动力持续增强。这一改革不仅有效缓解了义乌市的水资源压力，还促进了当地经济社会的可持续发展。

本节介绍了国内外在农业节水灌溉和水资源管理方面的先进经验和做法。以色列以精准农业和高效灌溉技术闻名，实现了沙漠变绿洲的奇迹。美国通过综合节水措施和跨流域调水工程，构建了高效的水资源管理体系。澳大利亚则注重节水灌溉和雨水收集系统的应用，提高了水资源利用效率。在中国，盐池县和民乐县面对干旱缺水的挑战，大力推行高效节水灌溉技术，实现了农业节水增效和生态环境的改善。义乌市则通过“工业水效论英雄”改革，将节水指标纳入工业企业评价体系，推动了工业节水工作。这些国家和地区的成功经验表明，科技创新和科学管理是破解水资源短缺问题、实现农业和工业可持续发展的关键。

第3章　山西省农业水土资源分区

水土资源构成了农业生产的基石，对于确保粮食安全、推动可持续发展以及维持人类生存和促进社会进步至关重要。农业水土资源的错配将极大地阻碍农业的进步。随着社会经济的不断发展和人口数量的持续增长，农业水土资源的利用矛盾日益突出。为缓解这些矛盾，实现水土资源在农业中的高效利用，并提升农业生产能力，我们需要对不同地区农业水土资源的协调利用程度进行更为精确的认知和评估。资源区划作为优化区域农业水土资源分配与高效利用的基础工作，有助于深入了解农业水土资源的利用现状、特点及其存在的问题，从而能够对农业用水结构和土地利用模式进行科学合理的调整，对缓解区域农业水土资源利用矛盾具有重要意义。因此，结合山西省农业资源的实际利用情况，开展针对该地区的农业水土资源耦合度调查及分区研究显得尤为必要。

3.1　山西省水土资源分区方法

3.1.1　确立指标体系

本研究基于山西水资源和土地资源、自然资源因子和农业生产因子，确定水土资源一级、二级分区指标。一级与二级分区的具体指标见表3－1，一级分区反映农业水土资源系统的地域空间分异特征，二级分区（亚区）反映农业水土资源利用现状和时空分配程度。

表 3－1　山西农业水土资源一级、二级分区指标及特性

分区	指标	计算公式	指标特性
一级分区	年平均降水量 X_1	—	地区水分收入主要来源
	年平均温度 X_2	—	地区热量条件基础指标
	干燥度 X_3	蒸发量/降水量	同期蒸发量与降水量的比值
	≥10 ℃有效积温 X_4	—	≥10 ℃有效积温
	耕地指数 X_5	耕地面积/农用地面积	耕地资源比例
	水资源指数 X_6	耕地用水/总用水量	单位耕地面积水资源量
二级分区（亚区）	粮食播种面积比 X_7	粮食作物面积/农作物种植面积	粮食作物面积占农作物种植面积的比例
	复种指数 X_8	种植面积/耕地面积	一年内耕地被重复利用的程度
	种植业产值比 X_9	种植业产值/农业产值	耕地资源产生的经济效益
	已耕地占可耕地面积比 X_{10}	已耕地面积/可耕地面积	耕地资源的利用状况
	耕地灌溉率 X_{11}	有效灌溉耕地面积/耕地面积	单位面积耕地的水资源利用程度
	农业用水占比 X_{12}	农业用水/总用水量	区域农业水资源占有量的衡量

注：$X_1 \sim X_4$ 为自然因子；$X_5 \sim X_{12}$ 为农业生产因子。

3.1.2　确定分区单元

本研究使用 ArcGIS 10.8 软件，通过将山西 117 个县域的行政统计数据转化为网格数据，进行网格单元划分。网格大小计算公式如下：

$$H = \frac{1}{2}\sqrt{[\min(A_i)]}$$

式中，H 为网格边长（km）；A_i 为第 i 个行政区图斑的面积（km^2）；i 为 117 个县域的行政区序号。山西的 117 个县域内，阳泉市城区是山西最小的县级行政区。在此基础上，本研究确定网格边长为 3.74 km，共划出 11098 个网格。

3.1.3　指标标准化与相关性检验

本研究采用 KMO 检验和巴特利特（Bartlett）球形检验来评估各标准化指标间的相关性。KMO 值趋近于 1，说明指标间的相关性显著；Bartlett 球形检验的 P 值小于 0.05，则表明各指标间存在较强的相关性，进一步说明原始指标适用于主成分分析，可以实现降维。

为提高上述 12 个指标的信度，对网格数据进行标准化处理，公式如下：

$$z_{ij} = \frac{x_{ij} - \overline{x}_j}{\sqrt{\operatorname{var}(x_j)}}$$

式中，x_{ij} 是山西省内第 i 个单元格的第 j 个指标的未经标准化处理的值；$\overline{x}_j$、$\sqrt{\operatorname{var}(x_j)}$ 分别是第 j 个指标的平均值和标准差。

对已标准化的 12 项指标进行相关性检验，具体结果参见表 3－2。根据表 3－2 可知，6 项一级分区指标和 6 项二级分区指标的 KMO 值均超过了 0.5，且 Bartlett 球形检验的 P 值均小于 0.01，充分证明标准化后的指标之间存在高度相关性。因此，这 12 项指标可以通过主成分分析进行降维处理，并进一步实现区域划分。

表 3－2　分区指标相关性检验

检验		一级分区标准化指标	二级分区标准化指标
KMO 统计量		0.656	0.585
Bartlett 球形检验	卡方近似	229.504	535.529
	自由度	15	15
	显著性	0	0

3.1.4　主成分分析

使用 SPSS 26.0 软件的 k 均值聚类法对一级分区的 6 项原始指标进行主成分分析，详细结果见表 3－3。由表 3－3 可知，前 4 个主成分的累计方差贡献率高达 91.23%，充分证明这 4 个主成分有效地保留了原始数据序列中的大部分关键信息。此外，Bartlett 球形检验的结果显示，P 值小于 0.01，进一步表明一级分区指标的 4 个分类之间存在显著的差异性。依据聚类边缘与区划界线最为接近的原则，本研究对 6 个一级分区指标的原始数据组间方差进行了分析，结果显示 F 值为 327.16，P 值小于 0.01，证实一级分区指标的 4 个聚类之间存在显著的差异。因此，可以将这些一级分区指标划分为 A、B、C 和 D 4 个区域。

表 3-3　一级分区指标主成分分析的方差贡献率

主成分	初始特征值	方差贡献/%	累计方差贡献/%	一级分区
F_1	2.60	43.25	43.25	A 区
F_2	1.28	21.36	64.61	B 区
F_3	0.98	16.39	81.00	C 区
F_4	0.61	10.23	91.23	D 区

将二级分区的 6 项指标进行标准化，得到 6 个指标主成分分析结果(见表 3-4)。由表 3-4 中数据可知，每个二级分区的前 3 个主成分累计方差贡献率均大于等于 86.98%，说明前 3 个主成分保留了原始数据序列的主要信息。同时，Bartlett 球形检验的 P 值小于 0.01，说明二级分区指标的 3 个聚类存在显著差异性，4 个一级分区可进一步划分为 3 个二级亚区，共 12 个亚区。

表 3-4　二级分区指标主成分累计方差贡献率

成分	方差贡献率%			
	A 区	B 区	C 区	D 区
F_1	44.54	34.89	32.17	34.41
F_2	72.20	58.31	61.26	61.11
F_3	85.48	75.25	77.48	84.28
累计方差贡献率/%	95.52	87.07	86.98	93.50

3.1.5　资源利用状况划分

根据山西农业水资源（耕地灌溉率）、农业土地资源（粮食播种面积比、复种指数、种植业产值比、已耕地占可耕地面积比）各指标年际变化实际状况，将山西农业水资源、农业土地资源利用情况划分为利用不充分、可提升和利用充分 3 个等级（见表 3－5）。

表 3－5　农业水资源和土地资源利用的划分标准

指标	利用不充分	可提升	利用充分
粮食播种面积比	＜0.50	[0.50,0.80]	＞0.80
复种指数	＜0.50	[0.50,1.00]	＞1.00
种植业产值比	＜0.30	[0.30,0.60]	＞0.60
已耕地占可耕地面积比	＜0.30	[0.30,0.45]	＞0.45
耕地灌溉率	＜0.25	[0.25,0.55]	＞0.55

3.1.6　地理探测器

地理探测器是一种空间统计学工具，专门用于探测空间分异性并挖掘其背后的主导因素。鉴于山西省水土资源受到众多影响因子的作用，并且这些因子在空间上存在差异，因此，本研究采用因子探测器和交互探测器来分析水土资源耦合协调度的空间差异性。分析的结果通过 q 值来衡量，q 值的取值范围为 0 ～ 1，q 值越大，表明自变量因子 X 对因变量因子 Y 的解释能力就越强。相关的计算公式如下：

$$q = 1 - \frac{\sum_{i=1}^{L} N_i \sigma_i^2}{N\sigma^2}$$

式中，L 表示 12 个因子的分类，本研究基于农业资源利用现状将其划分为 5 类，分别为气候资源（X_2、X_3、X_4）、水资源（X_1、X_6）、土地利用（X_5）、水资源利用（X_{11}、X_{12}）和农业生产（X_7、X_8、X_9、X_{10}）；N_i 和 N 分别为 i 层

格点数和格点总数(11098 个);σ_i^2 和 σ^2 分别为 i 层和全部因子的方差。

3.2 山西省水土资源分区结果

3.2.1 山西省农业水土资源一级分区

山西省 117 个县域一级分区结果如表 3-6、表 3-7 所示。由表 3-6、表 3-7 可知,山西农业水土资源分为 4 个一级分区。

表 3-6 山西省农业水土资源一级县域分区

一级分区	县域行政单位数量/个	包含县域
A 区	15	泽州县、闻喜县、新绛县、垣曲县、夏县、平陆县、芮城县、永济市、河津市、翼城县、襄汾县、侯马市、霍州市、柳林县、孝义市
B 区	45	小店区、迎泽区、杏花岭区、尖草坪区、万柏林区、晋源区、清徐县、古交市、阳泉城区、阳泉矿区、潞洲区、襄垣县、黎城县、壶关县、长子县、晋城城区、沁水县、陵川县、高平市、应县、怀仁市、榆次区、太古区、寿阳县、祁县、灵石县、介休市、盐湖区、万荣县、绛县、定襄县、河曲县、保德县、原平市、洪洞县、安泽县、浮山县、乡宁县、隰县县、汾西县、文水县、交城县、兴县、石楼县、汾阳市
C 区	36	阳曲县、娄烦县、云岗区、云州区、灵丘县、平定县、盂县、上党区、屯留区、平顺县、武乡县、沁县、沁源县、阳城县、朔城区、平鲁区、榆社县、左权县、昔阳县、临猗县 稷山县 忻府区、代县、繁峙县、宁武县、静乐县、偏关县、尧都区、古县、吉县、大宁县、永和县、蒲县、离石区、方山县、中阳县
D 区	21	新荣县、平城县、阳高县、天镇县、广灵县、浑源县、左云县、阳泉郊区、潞城区、山阴县、右玉县、和顺县、平遥县、五台县、神池县、五寨县、岢岚县、曲沃县、临县、岚县、交口县

表 3-7　山西省一级分区主要特征

分区	县域行政单位数量/个	人口/（×10⁴）	面积/km²	面积占比/%	年平均降水量/mm	年平均温度/℃	干燥度	≥10 ℃有效积温/（℃·d）	耕地指数	水资源指数
A区	15	479.78	16330.70	10.38	916.30	12.50	1.92	4897.50	0.39	0.98
B区	45	1667.82	50967.80	32.40	493.60	9.80	4.34	4015.00	0.17	0.42
C区	36	872.72	58669.60	37.30	496.20	10.20	3.49	3015.00	0.10	0.31
D区	21	473.62	31337.10	19.92	450.30	5.30	2.26	2012.00	0.24	0.20

A区涵盖了15个县域，总面积为16330.70 km²，占全省总面积的10.38%，主要分布在山西南部的运城盆地和东南部的晋城盆地。A区的年均降水量高达916.30 mm，干燥度为1.92，水资源丰富。此外，该区的≥10 ℃有效积温达到4897.50 ℃·d，热量条件优越。该区耕地指数和水资源指数分别为0.39和0.98，说明水土资源的利用状况相对较好。

B区包括45个县域，总面积为50967.80 km²，占全省总面积的32.40%，主要分布在山西中部的汾河流域、西部黄河沿岸以及东南部沁河流域。B区的年均降水量为493.60 mm，干燥度高达4.34，是4个一级分区中最高的。同时，该区的≥10 ℃有效积温为4015.00 ℃·d，属于半湿润气候，水热条件相对充足。该区耕地指数和水资源指数分别为0.17和0.42，说明水资源利用率较好，但耕地利用程度一般。

C区共有36个县域，总面积为58669.60 km²，占全省总面积的37.30%，主要分布在吕梁山系和太行山系。C区的年均降水量为496.20 mm，干燥度为3.49。同时，该区的≥10 ℃有效积温为3015.00 ℃·d，也属于半湿润气候，水热条件优越。该区水资源指数为0.31，说明水资源利用状况普遍良好。然而，耕地指数仅为0.10，是4个一级分区中最低的，说明耕地利用情况相对较差。

D区则包括21个县域，总面积为31337.10 km²，占全省总面积的

19.92%，主要分布在山西省的西北部及北部。D 区的年均降水量为 450.30 mm，≥10 ℃有效积温为 2012.00 ℃ · d。该区水资源指数为 0.20，在全省范围内属于较低水平，干燥度为 2.26，耕地指数为 0.24。综合来看，D 区的农业水土资源利用情况相对一般。

3.2.2 山西省农业水土资源二级分区

基于一级分区的划分，进一步将每个一级分区细分为 3 个二级分区（或称为亚区），具体信息参见表 3-8 和表 3-9。由表 3-8 和表 3-9 可知，每个一级分区下的二级亚区在面积上并不均衡，并且在复种指数以及种植业产值比例方面存在显著的差异。

A 区的 3 个亚区按照面积大小依次为农水灌溉可提升亚区（A3，51%）＞农地充分利用亚区（A2，34%）＞水土资源较匹配亚区（A1，15%）（见表 3-9）。其中，A1 和 A2 亚区水土资源较充足且耦合协调度高。相比之下，A3 亚区粮食播种面积占比虽然较大（96%），但复种指数（0.96）、耕地灌溉率（30%）及农业用水占比（27%）较小，直接导致种植业产值比较低（38%）。因此，针对 A3 区的农业，要注重农地水利设施的建设，充分合理利用当地水资源，从而促进农业的高质量发展。

B 区的 3 个亚区按照面积大小依次为农水充分利用亚区（B1，76%）＞农水灌溉不充分亚区（B3，21%）＞农水灌溉可提升亚区（B2，3%）（见表 3-9）。B1 亚区主要位于地势较低的河谷地区，自然条件优越。该区的种植业以粮食作物为主（90%），但多为一年一熟，作物复种指数非常低（0.30）。该区虽然耕地灌溉率高（79%），但地处人口密集区、工业发达区，种植业产值比（2%）及农业用水占比（1%）依然较低。B2 亚区拥有广阔的粮食播种面积（96%），且复种指数较高（1.61），粮食产量丰富，

表 3-8 山西省农业水土资源二级县域分区

一级分区	亚区名称	县级行政单位数量/个	包含县域
A 区	水土资源较匹配亚区(A1)	2	芮城县、河津市
	农地充分利用亚区(A2)	6	闻喜县、新绛县、夏县、平陆县、襄汾县、侯马市
	农水灌溉可提升亚区(A3)	7	泽州县、垣曲县、永济市、翼城县、霍州市、柳林县、孝义市
B 区	农水充分利用亚区(B1)	36	小店区、迎泽区、杏花岭区、万柏林区、晋源区、古交市、阳泉城区、阳泉矿区、潞州区、襄垣县、黎城县、壶关县、长子县、晋城城区、沁水县、高平市、应县、怀仁市、榆次区、太谷区、寿阳县、祁县、灵石县、介休市、盐湖区、万荣县、绛县、定襄县、河曲县、原平市、乡宁县、隰县、文水县、交城县、石楼县、汾阳市
	农水灌溉可提升亚区(B2)	1	洪洞县
	农水灌溉不充分亚区(B3)	8	尖草坪区、清徐县、陵川县、保德县、安泽县、浮山县、汾西县、兴县
C 区	水土资源较匹配亚区(C1)	1	临猗县
	农水利用不充分亚区(C2)	31	阳曲县、娄烦县、云冈区、云州区、灵丘县、平定县、上党区、屯留区、平顺县、武乡县、沁县、沁源县、朔城区、平鲁区、榆社县、左权县、昔阳县、忻府区、代县、繁峙县、宁武县、静乐县、偏关县、尧都区、吉县、大宁县、永和县、蒲县、离石区、方山县、中阳县
	农水灌溉不充分亚区(C3)	4	盂县、阳城县、稷山县、古县

续表

一级分区	亚区名称	县级行政单位数量/个	包含县域
D区	农水充分利用亚区(D1)	1	交口县
	农地灌溉可提升亚区(D2)	19	新荣区、平城区、阳高县、天镇县、广灵县、浑源县、左云县、阳泉郊区、潞城区、山阴县、和顺县、平遥县、五台县、神池县、五寨县、岢岚县、曲沃县、临县、岚县
	农水灌溉不充分亚区(D3)	1	右玉县

表3-9　各亚区基本特征

分区	面积/km^2	占分区面积比/%	占全省面积比/%	粮食播种面积比/%	复种指数	种植业产值比/%	已耕地占可耕地面积比/%	耕地灌溉率/%	农业用水占比/%	亚区名称
A1	2384.0	15	1.52	87	2.15	76	47	35	100	Ⅰ
A2	5542.6	34	3.52	85	1.59	73	46	26	57	Ⅵ
A3	8404.1	51	5.34	96	0.96	38	49	30	27	Ⅲ
B1	38865.1	76	24.71	90	0.30	2	47	79	1	Ⅱ
B2	1494.0	3	0.95	96	1.61	55	49	48	75	Ⅲ
B3	10608.7	21	6.74	87	2.36	52	47	8	35	Ⅴ
C1	1362.0	2	0.87	91	0.28	93	45	49	86	Ⅰ
C2	50932.8	87	32.38	91	0.42	24	48	6	10	Ⅳ
C3	6374.9	11	4.05	40	2.41	61	28	2	33	Ⅴ
D1	1259.9	4	0.80	93	0.38	32	48	38	2	Ⅱ
D2	28108.2	90	17.87	91	0.94	47	48	21	45	Ⅲ
D3	1969.0	6	1.25	72	0.90	28	42	4	50	Ⅴ

注：Ⅰ为水土资源较匹配亚区；Ⅱ为农水充分利用亚区；Ⅲ为农水灌溉可提升亚区；Ⅳ为农水利用不充分亚区；Ⅴ为农水灌溉不充分亚区；Ⅵ为农地充分利用亚区。

但已耕地占可耕地面积比较低(49%),且耕地灌溉率低(48%)。针对这一现状,该地区需进一步加强水利设施建设,确保水资源的充分合理利用,同时继续加强基本农田的建设,提高耕地质量,加大对耕地的保护力度。B3 亚区应加大对耕地的保护力度,且为缓解农业用水短缺(35%)和耕地灌溉率低(8%)的问题,可以着手加强水利设施的建设,并考虑采取引水调水的措施。

C 区的 3 个亚区按照面积大小依次为农水利用不充分亚区(C2,87%)>农水灌溉不充分亚区(C3,11%)>水土资源较匹配亚区(C1,2%)(见表 3-9)。C1 亚区主要为运城市西部的临猗县,该地区农业水土资源协调程度较高,种植业产值比(93%)和农业用水占比(86%)相对较高,但复种指数(0.28)较低,这反映出特色农业在该地区的生产和生活中占有重要地位,因此,可以考虑推动农业产业的转型升级,将农林牧渔有机结合,并加大对特色农业的开发力度。C2 亚区多为山区地形,这对种植业发展带来了较大的挑战。该亚区农业用水占比(10%)、耕地灌溉率(6%)及种植业产值比(24%)都较低。目前 C2 亚区已开垦的耕地主要用于种植粮食作物(粮食播种面积比为 91%),因此,可以适当调整,提高林业和畜牧业的生产占比,优化农业结构。C3 亚区在复种指数(2.41)和种植业产值比(61%)方面较为突出,但粮食播种面积比(40%)、已耕地占可耕地面积比(28%)、耕地灌溉率(2%)及农业用水占比(33%)均较低。针对这一现状,C3 亚区可以逐步调整农业发展策略,将重心转向经济作物、林业和畜牧业,以实现农业的多元化和可持续发展。

D 区的 3 个亚区按照面积大小依次为农水灌溉可提升亚区(D2,90%)>农水灌溉不充分亚区(D3,6%)>农水充分利用亚区(D1,4%)(见表 3-9)。D1 亚区主要位于吕梁市南部的交口县,该地区种植业以粮食作物为主(粮食播种面积比为 93%),耕地灌溉率为 38%,但农业用水占比(2%)和复种指数(0.38)相对较低。这表明,尽管该地区有一定的灌溉基础,但在水资源利用和作物种植效率方面仍有提升空间。

D2 亚区粮食播种面积比(91%)和复种指数(0.94)较高，同时也是 D 区中种植业产值比较高的分区(47%)，农业在此亚区社会经济发展中占据重要地位。然而，D2 亚区的耕地灌溉率(21%)较低，为了提高当地种植业的发展水平，可以考虑采用人工灌溉等方式，适当提升灌溉率。D3 亚区位于朔州市西北部的右玉县，受地形条件限制，耕地灌溉率极低(4%)，耕地开发难度较大，种植业产值比也较低(28%)。针对这一现状，D3 亚区可以根据当地的实际情况，采取因地制宜的措施，发展农牧结合的特色农业，以充分利用当地资源，提升农业的综合效益。

通过对山西省农业水土资源利用状况综合分析可知(见表 3-9)，山西省农业水土资源利用有很大的提升空间。水土资源较匹配亚区(A1、C1,2.39%)、农水充分利用亚区(B1、D1,25.51%)和农地充分利用亚区(A2,3.52%)，三者面积不足全省总面积的 1/3；农水灌溉可提升亚区(A3、B2、D2,24.15%)、农水利用不充分亚区(C2,32.38%)和农水灌溉不充分亚区(B3、C3、D3,12.05%)面积均较大。

3.3 山西省水土资源分区驱动因素

本节采用地理探测器，对影响山西省农业水土资源耦合协调度的机制和主导因子进行探究，结果如表 3-10 所示。由表 3-10 可知，驱动因子影响力前六名由大到小依次为 X_6(水资源指数)、X_{12}(农业用水占比)、X_2(年平均温度)、X_{11}(耕地灌溉率)、X_3(干燥度)、X_9(种植业产值比)。因此，影响研究区水土资源耦合协调作用的主要因子有自然环境因子(X_6、X_2、X_3)、水土资源利用率(X_{12}、X_{11})和农业生产收入(X_9)等。优质的自然资源主导区域水土资源耦合协调度，高协调度的水土资源搭配可以促进农业生产发展，农业经济产值的增加又为各县域水土资源规划提供了资金支持。

表 3-10　驱动因子分析结果

因子	q	p	因子	q	p
X_1	0.281	**	X_7	0.119	—
X_2	0.448	**	X_8	0.212	*
X_3	0.419	**	X_9	0.326	**
X_4	0.135	—	X_{10}	0.079	—
X_5	0.178	—	X_{11}	0.439	**
X_6	0.496	**	X_{12}	0.482	**

注：* 表示 q 值在 10%水平下显著，** 表示 q 值在 1%水平下显著。

水土资源耦合协调展现出了复杂性与系统性的显著特征。为深入了解这一过程，在主导因子探测的基础上，本研究对多种影响因子进行交互探测，分析各因子交互作用的强弱。图 3-1 直观地表明了研究区水土资源的耦合协调度是多因子综合作用的结果。在众多影响因子中，干燥度(X_3)和耕地灌溉率(X_{11})之间的交互作用最强，达到 0.74。另外，年平均温度(X_2)与农业用水占比(X_{12})、年平均降水量(X_1)与农业用水

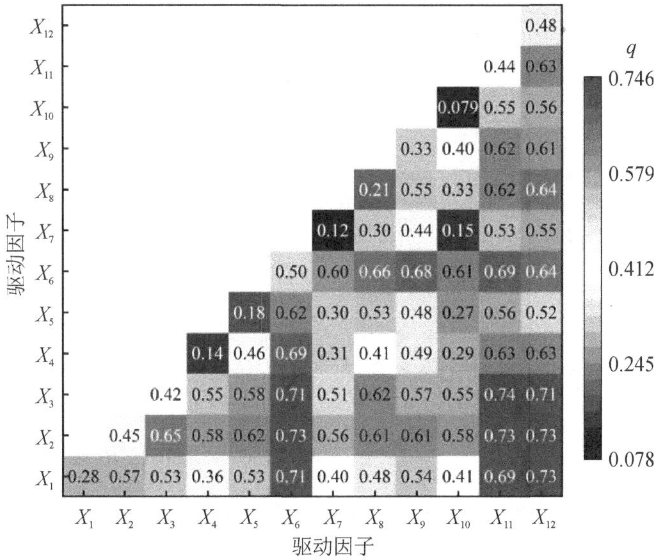

图 3-1　驱动因子交互探测结果

占比（X_{12}）、年平均温度（X_2）与耕地灌溉率（X_{11}）等因子间的交互作用也较高。这说明，自然因子作为水土资源系统的核心组成部分，在调控一个地区的生态环境质量方面发挥着至关重要的作用。鉴于此，山西省各区县应致力于优化水土资源的配置方式，特别是要针对不同类型的农用地进行水土资源的综合协调与合理分配，以确保资源的有效利用和生态环境的可持续发展。

第 4 章　山西省农业水资源

水资源不仅是推动社会经济可持续发展的不可或缺的动力源泉，更是确保粮食安全和维护生态健康不可或缺的重要战略资源。全球农业生产对水资源的高度依赖与当前水资源的严峻形势构成了一对显著的矛盾。由于水资源的时空分布不均以及水土资源时空上的不匹配，农业水资源面临着日益严峻的压力，这种压力不仅威胁到了区域的水资源安全，更对国家的粮食安全构成了严重的挑战。2021 年中国总用水量 $5920.2\times10^{8}\ m^{3}$，其中农业用水 $3644.3\times10^{8}\ m^{3}$，约占总用水量的 61.56%。随着社会经济的持续快速发展，水资源的供需矛盾愈发尖锐，水资源压力也随之迅速攀升，成为亟需解决的问题。在缓解区域水资源利用压力的过程中，合理配置与科学利用农业水资源显得尤为关键。随着对水资源认识的深化，研究者已经由仅关注蓝水（地表水和地下水）的传统方式，转向包含蓝水和绿水的广义水资源评价。同样，农业生产与水资源利用之间的关系描述也发生了转变，从传统的关注灌溉效率和水分生产率，发展到更加全面的水足迹理论，该理论不仅考虑了消费响应，还涵盖了环境影响评估。传统的农业用水效率评价指标，如水资源使用效率和灌溉效率，虽在一定程度上反映了农业用水的消耗情况，但并未详尽地涵盖作物在生长周期中的田间蒸发和灌溉过程中的水分损失。因此，这些指标无法反映作物对降雨和灌溉水源的真实利用情况，具有一定的局限性。水足迹概念的引入有效地弥补了传统农业用水效率评价指标的不足，不仅能够反映作物生产过程中的灌溉水消耗，还能涵盖降水消耗以及稀释污染物所需的水分，为农业水资源评价提供了更为全面和准确的视角。广义农业生产水资源量与水足迹理论可以更加全面地评估农业生产过程中水资源状况及其之间的相互影响。

4.1 农业水资源研究方法

4.1.1 广义农业生产水资源量

在特定区域内，广义农业生产水资源量是指支持农作物生产所需的总水资源供给量，其构成主要包括蓝水资源与绿水资源。

$$\mathrm{AWR} = \mathrm{AWR_{blue}} + \mathrm{AWR_{green}} \tag{4-1}$$

$$\mathrm{AWU_{blue}} = \mathrm{WR} \times \mathrm{AWU}/\mathrm{WU} \tag{4-2}$$

$$\mathrm{AWR_{green}} = \beta \times A \times P_e \tag{4-3}$$

$$P_e = \left\{\frac{P(4.17 - 0.02P)}{4.17}, P < 83; 41.7 + 0.1P, P \geqslant 83\right\} \tag{4-4}$$

式中：AWR、$\mathrm{AWR_{blue}}$、$\mathrm{AWR_{green}}$分别代表区域广义农业生产水资源量及蓝水资源量、绿水资源量（m^3）；WR、AWU、WU 分别为区域水资源总量、区域农业用水以及总用水量（m^3）；A 为区域耕地面积（hm^2）；P_e 为作物生育期内的有效降水量（mm）；β 为转化因子，取值为 10 $m^3/(mm \cdot hm^2)$；P 为降水量（mm）。

4.1.2 农作物生产水足迹

依据水足迹的概念，作物生产水足迹这一量化指标由蓝水足迹（$\mathrm{WF_{blue}}$）、绿水足迹（$\mathrm{WF_{green}}$）及灰水足迹（$\mathrm{WF_{grey}}$）三部分组成。蓝水足迹是指作物生长过程中直接消耗的地表水和地下水的总量，代表了通过灌溉等手段为作物提供的水分；绿水足迹则是指作物生长过程中消耗的储存在土壤中的水分，这部分水分主要来自有效降雨，即那些能够被作物直接吸收利用的降雨量，绿水足迹通常以有效降雨量表征，反映了作物对自然降水的利用情况；灰水足迹衡量的是为了稀释和同化作物生产过程中产生的污染物负荷所消耗的淡水资源量。

作物水足迹采用 CROPWAT 8.0 软件的作物生产水足迹计算方法，主要基于田间作物蒸发蒸腾量与作物单位面积产量进行计算，计算方法如下：

$$CWF = CWF_{green} + CWF_{blue} + CWF_{gray} \tag{4-5}$$

式中，CWF 为农作物生产水足迹（m^3/t）；CWF_{green}、CWF_{blue}、CWF_{gray} 分别为农作物生产绿水、蓝水、灰水足迹（m^3/t）。

$$CWF_{green} = CWU_{green}/Y = \beta ET_{green}/Y \tag{4-6}$$

$$CWF_{blue} = CWU_{blue}/Y = \beta ET_{blue}/Y \tag{4-7}$$

$$CWF_{gray} = \frac{(\alpha \cdot AR)/(C_{max} - C_{nat})}{Y} \tag{4-8}$$

式中，CWU_{green}、CWU_{blue} 分别为农作物生长过程中消耗的绿水和蓝水量（m^3/hm^2）；Y 为作物单位产量（kg/hm^2）；β 为转化因子，取值为 $10\ m^3/(mm \cdot hm^2)$；α 为氮肥淋失率；AR 为折纯后每公顷氮肥施用量（kg/hm^2）；C_{max} 为污染物的水质标准质量浓度（kg/m^3）；C_{nat} 为受纳水体的自然本底质量浓度（kg/m^3）；ET_{blue}、ET_{green} 分别为蓝水、绿水的蒸散发量（mm）。

$$ET_{green} = \min(ET_c, P_e) \tag{4-9}$$

$$ET_{blue} = \max(0, ET_c - P_e) \tag{4-10}$$

$$ET_c = K_c \cdot ET_0 \tag{4-11}$$

式中，ET_c 为作物蒸发蒸腾量（mm）；K_c 为作物系数；ET_0 为参考蒸发量（mm），根据气象数据结合 CROPWAT 8.0 软件求出；P_e 为作物生育期内的有效降水量（mm）。

4.2 山西省广义农业水资源量

图 4-1 显示了山西省各地市绿水资源量随时间变化情况。从整体上看,2011—2021 年山西省各地市的绿水资源量呈现出不同的变化趋势。大部分城市在经历了不同程度的波动后,最终呈现出了增长的趋势。具体来看,太原市绿水资源量在 2011 年至 2021 年间经历了先降后升的变化。2011 年的绿水资源量为 $6.996\times10^8\ m^3$,此后开始下降,到 2015 年降至最低点 $5.014\times10^8\ m^3$,随后逐渐恢复至 2021 年的 $7.533\times10^8\ m^3$。大同市的绿水资源量在 2011 年至 2021 年间整体呈上升趋势,特别是 2017 年至 2021 年间增幅明显。2011 年大同市的绿水资源量为 $13.622\times10^8\ m^3$,到 2021 年增至 $18.81\times10^8\ m^3$。阳泉市的绿水资源量在 2011 年至 2021 年间总体呈波动上升趋势,其 2011 年的绿水资源量为 $4.584\times10^8\ m^3$,到 2021 年增至 $6.022\times10^8\ m^3$。长治市的绿水资源量在 2011 年至 2021 年间经历了较大的波动,但总体呈上升趋势,其 2011 年的绿水资源量为 $22.601\times10^8\ m^3$,到 2021 年增至 $36.239\times10^8\ m^3$。晋城市在 2011 年至 2021 年间的绿水资源量总体呈上升趋势,特别是在 2021 年达到了 $24.99\times10^8\ m^3$ 的峰值。朔州市的绿水资源量在 2011 年至 2021 年间总体呈波动上升趋势,其 2011 年的绿水资源量为 $12.795\times10^8\ m^3$,到 2021 年增至 $15.703\times10^8\ m^3$。忻州市的绿水资源量在 2011 年至 2021 年间一直保持较高水平,并且持续增长,其 2011 年的绿水资源量为 $32.314\times10^8\ m^3$,到 2021 年增至 $34.392\times10^8\ m^3$。吕梁市的绿水资源量在2011 年至 2021 年间总体呈波动上升趋势,其 2011 年的绿水资源量为 $31.625\times10^8\ m^3$,到 2021 年增至 $32.103\times10^8\ m^3$。晋中市的绿水资源量在 2011 年至 2021 年间总体呈上升趋势,特别是在 2021 年达

到了 27.857×10^8 m^3 的峰值。临汾市的绿水资源量在 2011 年至 2021 年间总体呈上升趋势，特别是在 2021 年达到了 46.492×10^8 m^3 的峰值。运城市的绿水资源量变化较为特殊，2011 年为 31.28×10^8 m^3，之后经历了一段时期的波动下降，直至 2018 年降至最低点 22.917×10^8 m^3，但在 2021 年又突然激增到 37.22×10^8 m^3。

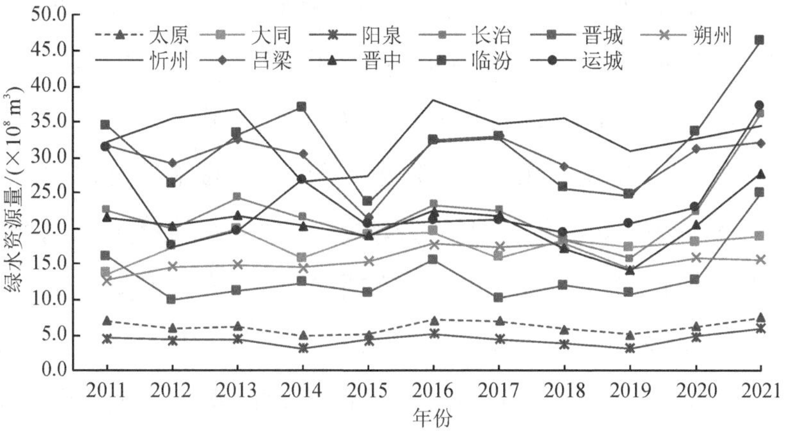

图 4－1　山西省各地市绿水资源量变化情况

图 4－2 显示了山西省各地市蓝水资源量随时间变化情况。由图 4－2 可知，从整体上看，2011—2021 年山西省各地市的蓝水资源量呈现出不同的变化趋势。大部分城市在经历了不同程度的波动后，最终呈现出了增长的趋势，这与当地的经济发展模式、生态环境保护措施以及气候变化等因素密切相关。具体来看，太原市作为山西省的省会城市，其蓝水资源量在 2011 年至 2021 年间经历了先降后升的变化。2011 年太原市的蓝水资源量为 1.428×10^8 m^3，此后逐年下降，到 2015 年降至最低点 0.939×10^8 m^3。从 2016 年开始，太原市蓝水资源量逐渐回升，2021 年达到 2.071×10^8 m^3。这一变化可能与近年来太原市加大生态环境保护力度，实施了一系列水资源管理和节约用水措施有关。大同市

的蓝水资源量在2011年至2021年间整体呈上升趋势，特别是2017年至2021年间增幅明显。2011年大同市的蓝水资源量为$2.929\times10^8\ m^3$，到2021年增至$5.565\times10^8\ m^3$。这表明大同市在水资源管理方面取得了显著成效，可能是通过增加绿化面积、改善水土保持等措施实现的。阳泉市的蓝水资源量在2011年至2021年间总体呈波动上升趋势，其2011年的蓝水资源量为$0.618\times10^8\ m^3$，到2021年增至$1.106\times10^8\ m^3$。长治市的蓝水资源量在2011年至2021年间经历了较大的波动，但总体呈上升趋势，其2011年的蓝水资源量为$5.09\times10^8\ m^3$，到2021年增至$9.727\times10^8\ m^3$。晋城市在2011年至2021年间的蓝水资源量总体呈上升趋势，特别是在2021年达到了$13.413\times10^8\ m^3$的峰值。朔州市的蓝水资源量在2011年至2021年间总体呈波动上升趋势，2011年的蓝水资源量为$3.287\times10^8\ m^3$，到2021年增至$4.659\times10^8\ m^3$。忻州市的蓝水资源量在2011年至2021年间一直保持较高水平，并且呈增长趋势，其2011年的蓝水资源量为$10.82\times10^8\ m^3$，到2021年增至$12.56\times10^8\ m^3$。忻州作为山西省的重要水源地之一，其丰富的水资源与当地政府长期以来重视生态保护、加强水源地保护密切相关。吕梁市的蓝水资源量在2011年至2021年间总体呈波动上升趋势，其2011年的蓝水资源量为$6.072\times10^8\ m^3$，到2021年增至$7.016\times10^8\ m^3$。晋中市的蓝水资源量在2011年至2021年间总体呈上升趋势，特别是在2021年达到了$15.398\times10^8\ m^3$的峰值。2011年晋中市的蓝水资源量为$7.873\times10^8\ m^3$，到2021年时，增加了近一倍。临汾市的蓝水资源量在2011年至2021年间总体呈上升趋势，特别是在2021年达到了$15.831\times10^8\ m^3$的峰值。2011年临汾市的蓝水资源量为$7.783\times10^8\ m^3$，到2021年时，增加了约一倍。运城市的蓝水资源量变化较为特殊，2011年为$14.442\times10^8\ m^3$，之后经历了一段时期的波动下降和波动上升后，在2021年激增到$22.765\times10^8\ m^3$。

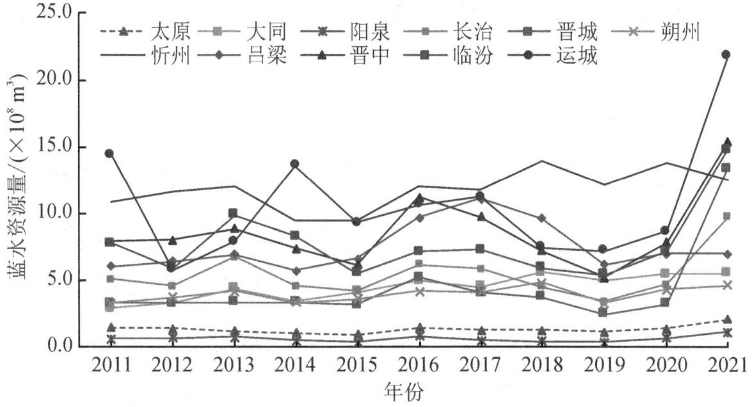

图 4－2　山西省各地市蓝水资源量变化情况

图 4－3 显示了山西省各地市总水资源量随时间变化情况。由图 4－3可知，从整体上看，山西省 2011—2021 年的总水资源量呈现出波动上升的趋势。尽管各年份之间存在一定程度的波动，但长期来看，总水资源量有所增加。特别是在 2021 年达到了峰值 287.89×10^8 m^3，比 2011 年增加了约 119.91×10^8 m^3。这一变化反映了山西省在水资源管理和生态保护方面的持续努力，以及气候变化对水资源的影响。分城市来看，太原市作为省会城市，其总水资源量在 2011 年至 2021 年间经历了先降后升的变化。2011 年的总水资源量为 6.996×10^8 m^3，到 2021 年增至 7.533×10^8 m^3。大同市的总水资源量在 2011 年至 2021 年间整体呈上升趋势，其 2011 年的总水资源量为 16.622×10^8 m^3，到 2021 年增至 22.81×10^8 m^3。阳泉市的总水资源量在 2011 年至 2021 年间总体呈波动上升趋势，其 2011 年的总水资源量为 4.584×10^8 m^3，到 2021 年增至 6.022×10^8 m^3。长治市的总水资源量在 2011 年至 2021 年间经历了较大的波动，但总体呈上升趋势，其 2011 年的总水资源量为 28.601×10^8 m^3，到 2021 年增至 44.239×10^8 m^3。晋城市在 2011 年至 2021 年间的总水资源量总体呈上升趋势，特别是在 2021 年达到了 38.99×10^8 m^3 的峰值。朔州市的总水资源量在 2011 年至 2021 年间总体呈波动上升

趋势，其 2011 年的总水资源量为 14.795×10^8 m³，到 2021 年增至 20.703×10^8 m³。忻州市的总水资源量在 2011 年至 2021 年间一直保持较高水平，并且呈波动增长趋势，其 2011 年的总水资源量为 42.314×10^8 m³，到 2021 年增至 48.392×10^8 m³。吕梁市的总水资源量在 2011 年至 2021 年间总体呈波动上升趋势，其 2011 年的总水资源量为 38.625×10^8 m³，到 2021 年增至 39.103×10^8 m³。晋中市的总水资源量在 2011 年至 2021 年间总体呈上升趋势，特别是在 2021 年达到了 42.857×10^8 m³ 的峰值。临汾市的总水资源量在 2011 年至 2021 年间总体呈上升趋势，特别是在 2021 年达到了 62.492×10^8 m³ 的峰值。运城市的总水资源量变化尤为特殊，2011 年为 47.28×10^8 m³，之后经历了一段时期的波动下降，但在 2021 年又突然激增到 58.22×10^8 m³。

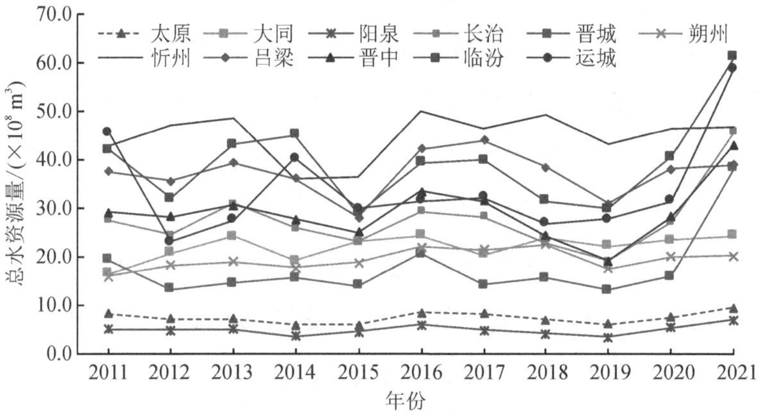

图 4-3 山西省各地市总水资源量变化情况

4.3 山西省农业水足迹时间演变特征

4.3.1 作物生产绿水足迹时间演变分析

山西省作物单位质量绿水足迹的年际变化如图 4-4 所示，由

图 4－4可见，2010—2022 年山西省作物单位质量绿水足迹总体呈下降趋势，不同作物单位质量绿水足迹的年际变化情况存在差异。马铃薯、高粱、大豆和谷子的单位质量绿水足迹在研究时段内总体都呈波动下降趋势。马铃薯的单位质量绿水足迹多年均值为 0.89 m^3/kg，最大值为 1.37 m^3/kg，最小值为 0.6 m^3/kg，线性下降速率达 0.04396(m^3/kg)/a，下降趋势最明显。高粱的单位质量绿水足迹多年均值为 0.97 m^3/kg，变化范围为 0.79～1.28 m^3/kg，线性下降速率为 0.02456 (m^3/kg)/a。大豆的单位质量绿水足迹多年均值为 1.88 m^3/kg，最大值出现在 2013 年，最小值出现在 2021 年，其线性下降速率为 0.02879 (m^3/kg)/a。谷子的单位质量绿水足迹多年均值为 1.29 m^3/kg，峰值同样出现在 2013 年，低值则出现在 2015 年，在研究时段内线性下降速率为 0.01209 (m^3/kg)/a。玉米作为山西省主要粮食作物之一，其单位质量绿水足迹多年均值为

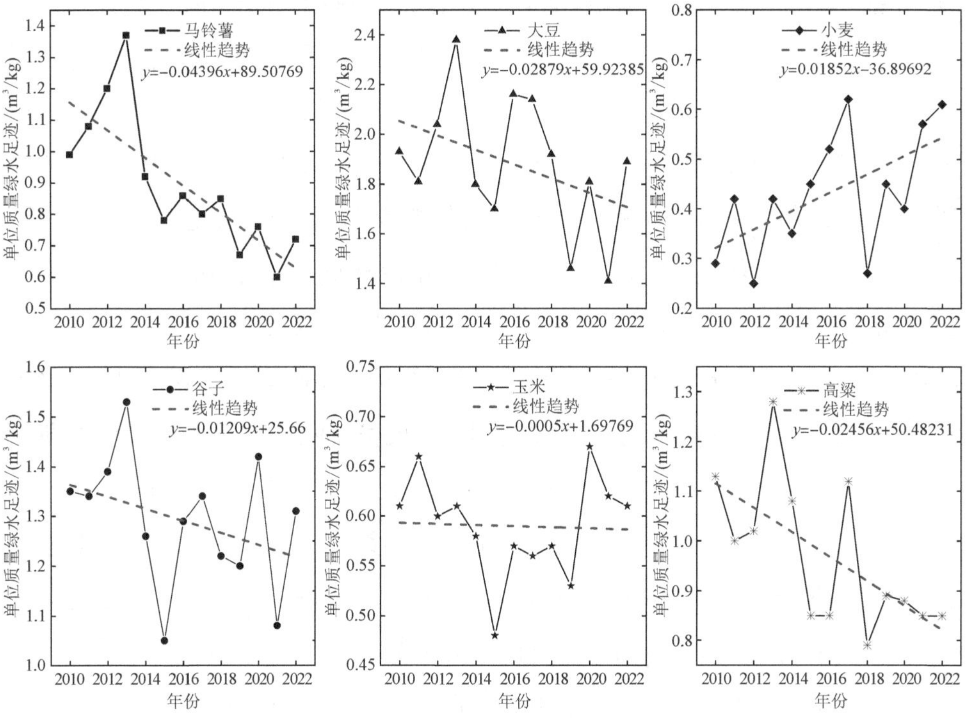

图 4－4　山西省 2010—2022 年作物单位质量绿水足迹年际变化

0.59 m^3/kg，变化范围为 0.48～0.67 m^3/kg，线性下降速率为 0.0005（m^3/kg）/a，下降趋势不明显。小麦是山西省另一主要粮食作物，其单位质量绿水足迹在研究时段内呈波动上升趋势，最大值为 0.62 m^3/kg，最小值为 0.24 m^3/kg，线性上升速率为 0.01852（m^3/kg）/a，上升趋势明显。对比六种作物单位质量绿水足迹多年均值，发现大豆＞谷子＞高粱＞马铃薯＞玉米＞小麦，这表明大豆在种植过程中，相比其他作物，所利用的自然降水量是最大的，而小麦所利用的自然降水量是最小的。

2010—2022 年山西省各地市六种作物单位质量绿水足迹年际变化情况如图 4－5 所示。太原市马铃薯、大豆、谷子、小麦、玉米和高粱六种作物变化范围分别为 0.22～2.78 m^3/kg、1.08～3.17 m^3/kg、0.93～2.76 m^3/kg、0.11～0.43 m^3/kg、0.44～0.73 m^3/kg、0.36～0.77 m^3/kg，马铃薯、大豆和谷子呈下降趋势，小麦呈上升趋势，玉米和高粱变化趋势不明显。阳泉市马铃薯、大豆、谷子、小麦、玉米和高粱六种作物变化范围分别为 0.27～1.5 m^3/kg、1.49～2.84 m^3/kg、0.9～1.94 m^3/kg、0.14～0.5 m^3/kg、0.44～1.12 m^3/kg、0.72～1.94 m^3/kg，马铃薯和高粱呈下降趋势，大豆、玉米、谷子的变化趋势不明显，小麦呈上升趋势。大同市马铃薯、大豆、谷子、玉米和高粱五种作物变化范围分别为 0.6～2.89 m^3/kg、1.26～3.67 m^3/kg、0.92～3.15 m^3/kg、0.36～0.81 m^3/kg、0.84～2.42 m^3/kg，马铃薯、大豆、玉米、谷子、高粱均呈下降趋势。晋城市马铃薯、大豆、谷子、小麦、玉米和高粱六种作物变化范围分别为 0.58～2.19 m^3/kg、1.16～2.5 m^3/kg、0.85～1.4 m^3/kg、0.29～0.68 m^3/kg、0.39～0.86 m^3/kg、0.41～1.02 m^3/kg，大豆、高粱、小麦的变化趋势不明显，马铃薯、谷子和玉米呈上升趋势。晋中市马铃薯、大豆、谷子、小麦、玉米和高粱六种作物变化范围分别为 0.5～1.26 m^3/kg、0.78～1.7 m^3/kg、0.66～1.14 m^3/kg、0.16～0.53 m^3/kg、0.31～0.55 m^3/kg、0.41～0.77 m^3/kg，马铃薯、谷子、玉米、高粱变化趋势不明

显，大豆呈下降趋势，小麦呈上升趋势。临汾市马铃薯、大豆、谷子、小麦、玉米和高粱六种作物变化范围分别为 0.39～0.86 m^3/kg、0.63～1.29 m^3/kg、0.82～1.8 m^3/kg、0.21～0.65 m^3/kg、0.35～0.84 m^3/kg、0.71～3.31 m^3/kg，高粱呈下降趋势，其他五种作物变化趋势不明显。吕梁市马铃薯、大豆、谷子、小麦、玉米和高粱六种作物变化范围分别为 0.18～1.98 m^3/kg、2.43～4.59 m^3/kg、1.05～2.23 m^3/kg、0.19～0.87 m^3/kg、0.57～0.95 m^3/kg、0.72～1.64 m^3/kg，大豆和小麦呈上升

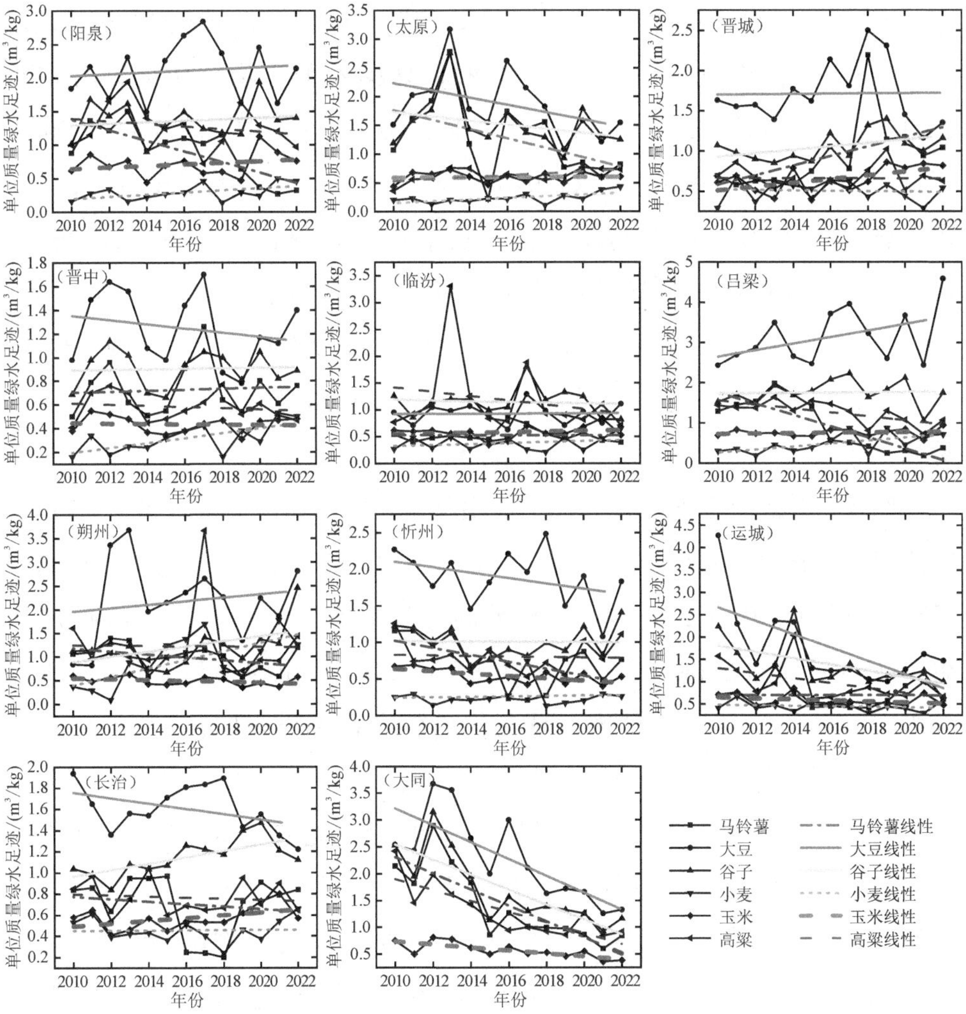

图 4-5　山西省 2010—2022 年作物单位质量绿水足迹分区特征

趋势，马铃薯呈下降趋势，另外三种作物变化趋势不明显。朔州市马铃薯、大豆、谷子、小麦、玉米和高粱六种作物变化范围分别为 0.57～1.4 m^3/kg、0.82～3.68 m^3/kg、0.68～2.46 m^3/kg、0.09～1.77 m^3/kg、0.35～0.63 m^3/kg、0.67～3.66 m^3/kg，高粱、玉米、马铃薯呈下降趋势，小麦、大豆、谷子呈上升趋势。忻州市马铃薯、大豆、谷子、小麦、玉米和高粱六种作物变化范围分别为 0.21～1.16 m^3/kg、1.08～2.48 m^3/kg、0.67～1.41 m^3/kg、0.13～0.74 m^3/kg、0.4～0.69 m^3/kg、0.53～1.26 m^3/kg，大豆和马铃薯呈下降趋势，其他四种作物变化趋势不明显。运城市马铃薯、大豆、谷子、小麦、玉米和高粱六种作物变化范围分别为 0.41～1.34 m^3/kg、1～4.27 m^3/kg、0.99～2.61 m^3/kg、0.29～0.67 m^3/kg、0.46～0.85 m^3/kg、0.62～2.04 m^3/kg，大豆、谷子、高粱呈下降趋势，其他作物变化趋势不明显。长治市马铃薯、大豆、谷子、小麦、玉米和高粱六种作物变化范围分别为 0.2～0.97 m^3/kg、1.22～1.94 m^3/kg、0.84～1.47 m^3/kg、0.24～0.66 m^3/kg、0.41～0.8 m^3/kg、0.54～1.04 m^3/kg，大豆、马铃薯呈下降趋势，谷子、玉米呈上升趋势，高粱、小麦变化趋势不明显。

图 4-6 显示了 2010—2022 年山西省作物绿水足迹总量的年际变化情况。由图 4-6 可知，山西省 2010—2022 年作物绿水足迹的变化趋势不明显，低值出现在 2015 年，绿水足迹总量为 67.85×10^8 m^3，峰值出现在 2022 年，绿水足迹总量为 92.06×10^8 m^3。从作物类型来看，在研究时段内六种作物的绿水足迹总量变化趋势存在差异，马铃薯和大豆的绿水足迹总量呈下降趋势，变化范围分别为 3.02×10^8～6.31×10^8 m^3、2.03×10^8～5.48×10^8 m^3。谷子、高粱的绿水足迹总量在研究时段内呈上升趋势，变化范围分别为 3.16×10^8～7.38×10^8 m^3、0.67×10^8～3.23×10^8 m^3。小麦和玉米作为山西省主要的粮食作物，两者的绿水足迹总量在研究时段内没有明显的变化趋势，变化范围分别为 6.14×10^8～15.03×10^8 m^3、45.54×10^8～64.47×10^8 m^3。从各地市来

看，太原市和晋中市的绿水足迹总量呈下降趋势，变化范围分别为 $1.25\times10^{8}\sim2.89\times10^{8}\ m^{3}$、$7.78\times10^{8}\sim9.16\times10^{8}\ m^{3}$；临汾市的绿水足迹总量呈上升趋势，变化范围为 $9.06\times10^{8}\sim14.46\times10^{8}\ m^{3}$。其他地市的绿水足迹总量年际变化趋势不明显。

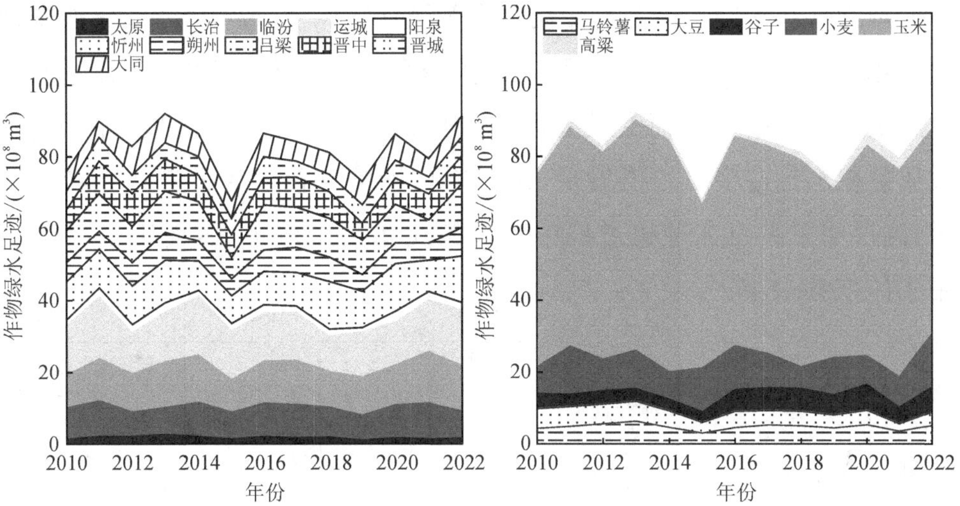

图 4-6　山西省 2010—2022 年作物绿水足迹总量年际变化

4.3.2　作物生产蓝水足迹时间演变分析

山西省作物单位质量蓝水足迹的年际变化如图 4-7 所示，可见，2010—2022 年山西省作物单位质量蓝水足迹总体呈波动下降趋势，不同作物单位质量蓝水足迹的年际变化情况存在差异。在研究时段内，马铃薯的单位质量蓝水足迹呈波动下降趋势，下降速率达 0.072 $(m^{3}/kg)/a$，多年均值为 1.21 m^{3}/kg，变化范围为 $0.83\sim1.79\ m^{3}/kg$。大豆的单位质量蓝水足迹年际变化呈波动下降趋势，下降速率达 0.057 $(m^{3}/kg)/a$，多年均值为 2.32 m^{3}/kg，变化范围为 $1.78\sim3.65\ m^{3}/kg$。谷子的单位质量蓝水足迹同样呈波动下降趋势，下降速率为 0.023 $(m^{3}/kg)/a$，多年均值为 1.13 m^{3}/kg，变化范围为 $0.7\sim1.7\ m^{3}/kg$。小麦的单位质量蓝水足迹呈波动下降趋势，下降速率为 0.007 (m^3/kg)/a，其峰值出现在 2010 年，低值出现在 2011 年，变化范围为 0.56～1.05 m^3/kg。玉米的单位质量蓝水足迹呈轻微波动上升趋势，上升速率为 0.003 (m^3/kg)/a，变化范围为 0.35～0.68 m^3/kg。高粱的单位质量蓝水足迹呈波动下降趋势，下降速率为 0.009 (m^3/kg)/a，变化范围为 0.47～1.09 m^3/kg。从六种作物的变化速率来看，马铃薯＞大豆＞谷子＞高粱＞小麦＞玉米，马铃薯的单位质量蓝水足迹下降幅度最大，玉米的上升幅度最小。对比六种作物单位质量蓝水足迹多年均值发现，大豆＞马铃薯＞谷子＞小麦＞高粱＞玉米，这说明了大豆在种植过程中对灌溉用水的依赖最大，而玉米对灌溉用水的依赖最小。

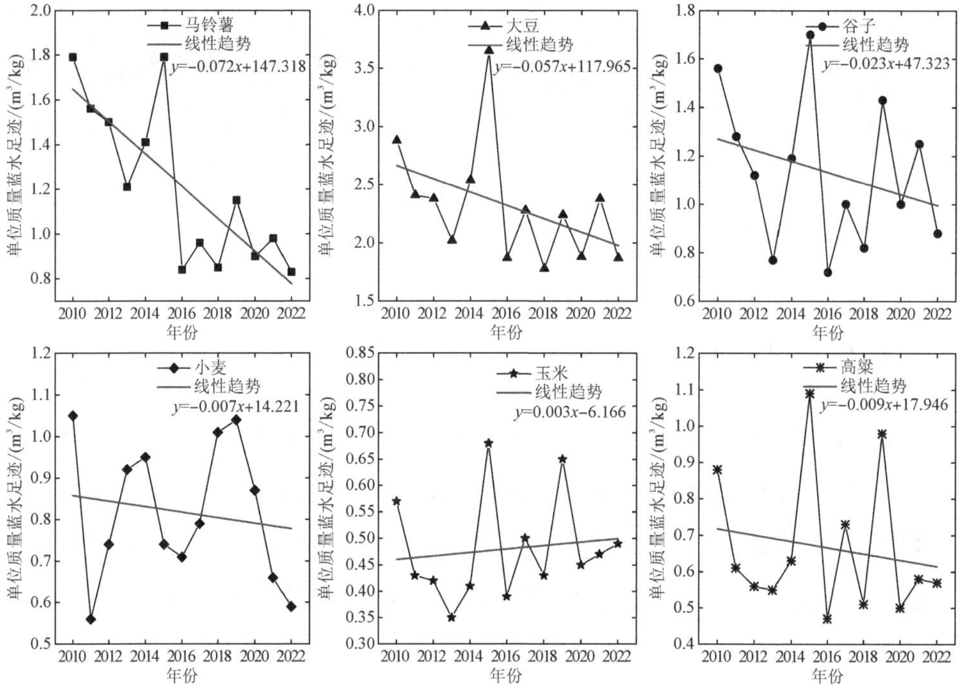

图 4-7 山西省 2010—2022 年作物单位质量蓝水足迹年际变化

图 4-8 显示了 2010—2022 年山西省作物蓝水足迹总量的年际变化情况。由图 4-8 可知，2010—2015 年，山西省作物蓝水足迹总量由

91.76×10^8 m³ 波动上升至 102.43×10^8 m³，2015—2022 年波动下降至 74.84×10^8 m³，在研究时段内年际变化趋势不明显。从作物类型来看，在研究时段内六种作物的蓝水足迹总量变化趋势存在差异。马铃薯、大豆、小麦的蓝水足迹总量 2010—2022 年呈波动下降趋势，马铃薯的蓝水足迹总量由 2010 年的 7.26×10^8 m³ 下降至 2022 年的 5.22×10^8 m³，下降了约 39.08%，变化范围为 $4\times10^8\sim8.44\times10^8$ m³。大豆的蓝水足迹总量由 2010 年的 7.21×10^8 m³ 下降至 2022 年的 3.56×10^8 m³，下降了 3.65×10^8 m³，变化范围为 $3.41\times10^8\sim7.21\times10^8$ m³。小麦的蓝水足迹总量由 2010 年的 24.18×10^8 m³ 下降至 2022 年的 7.01×10^8 m³，下降了 17.17×10^8 m³。谷子、玉米、高粱的蓝水足迹总量 2010—2022 年呈波动上升趋势，谷子的蓝水足迹总量变化范围为 $2.08\times10^8\sim6.9\times10^8$ m³。玉米的蓝水足迹总量由 2010 年的 47.68×10^8 m³ 上升至 2022 年的 51.98×10^8 m³，上升了 4.3×10^8 m³，变化范围为 $40.13\times10^8\sim68.5\times10^8$ m³。高粱的蓝水足迹总量由 2010 年的 0.71×10^8 m³ 上升至 2022 年的 2.38×10^8 m³，上升了 1.67×10^8 m³，变化范围为 $0.33\times10^8\sim2.72\times10^8$ m³。从各地市来看，太原市、运城市、晋城市的蓝水足迹总量

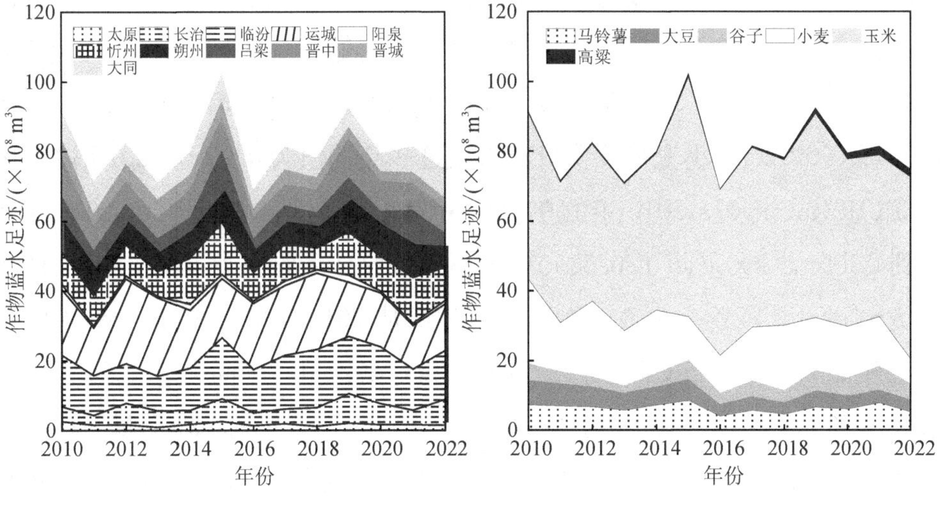

图 4-8　山西省 2010—2022 年作物蓝水足迹总量年际变化

总体呈下降趋势，变化范围分别为 0.96×10^8～2.63×10^8 m^3、12.49×10^8～24.23×10^8 m^3、2.37×10^8～5.34×10^8 m^3。长治市、临汾市、忻州市、朔州市的蓝水足迹总量总体呈上升趋势，变化范围分别为 2.82×10^8～8.55×10^8 m^3、10.08×10^8～17.51×10^8 m^3、6.34×10^8～14.97×10^8 m^3、3.88×10^8～7.2×10^8 m^3。阳泉市、吕梁市、晋中市、大同市的蓝水足迹总量年际趋势不明显，变化范围分别为 0.48×10^8～2.04×10^8 m^3、5.46×10^8～13.81×10^8 m^3、5.78×10^8～11.29×10^8 m^3、4.79×10^8～9.44×10^8 m^3。

4.3.3 作物生产灰水足迹时间演变分析

山西省作物单位质量灰水足迹的年际变化如图 4-9 所示，可见，2010—2022 年山西省作物单位质量灰水足迹呈波动下降趋势，不同作物单位质量灰水足迹的下降速率存在差异。在研究时段内，马铃薯单位质量灰水足迹多年均值为 0.22 m^3/kg，下降速率为 0.027 (m^3/kg)/a，从 2010 年的 0.38 m^3/kg 下降至 2022 年的 0.10 m^3/kg，下降了 0.28 m^3/kg。大豆单位质量灰水足迹多年均值为 0.20 m^3/kg，下降速率为 0.018 (m^3/kg)/a，2010 年的单位质量灰水足迹为 0.30 m^3/kg，2022 年下降到 0.10 m^3/kg，下降了 0.20 m^3/kg。谷子单位质量灰水足迹多年均值为 0.50 m^3/kg，下降速率为 0.045 (m^3/kg)/a，从 2010 年的 0.80 m^3/kg 下降至 2022 年的 0.26 m^3/kg，下降了 0.54 m^3/kg。小麦单位质量灰水足迹多年均值为 0.25 m^3/kg，下降速率为 0.019 (m^3/kg)/a，2010 年的单位质量灰水足迹为 0.37 m^3/kg，2022 年下降到 0.14 m^3/kg，下降了 0.23 m^3/kg。玉米单位质量灰水足迹多年均值为 0.15 m^3/kg，下降速率为 0.011 (m^3/kg)/a，从 2010 年的 0.23 m^3/kg 下降至 2022 年的 0.09 m^3/kg，下降了 0.14 m^3/kg。高粱单位质量灰水足迹多年均值为 0.20 m^3/kg，下降速率为 0.019 (m^3/kg)/a，2010 年的单位质量灰水足迹为 0.33 m^3/kg，2022 年下降到 0.10 m^3/kg，下降了 0.23 m^3/kg。就六种作物单位质量灰水足迹的下降速率而言，谷子＞马铃薯＞高粱＝小麦＞

大豆＞玉米，谷子单位质量灰水足迹下降速率最大，玉米下降速率最小。

对比六种作物单位质量灰水足迹多年均值发现，谷子＞小麦＞马铃薯＞高粱＝大豆＞玉米，这说明在种植谷子的过程中所利用的氮肥对于水资源的污染是最大的，而在种植玉米的过程中，所使用的氮肥对于水资源的污染是最小的。

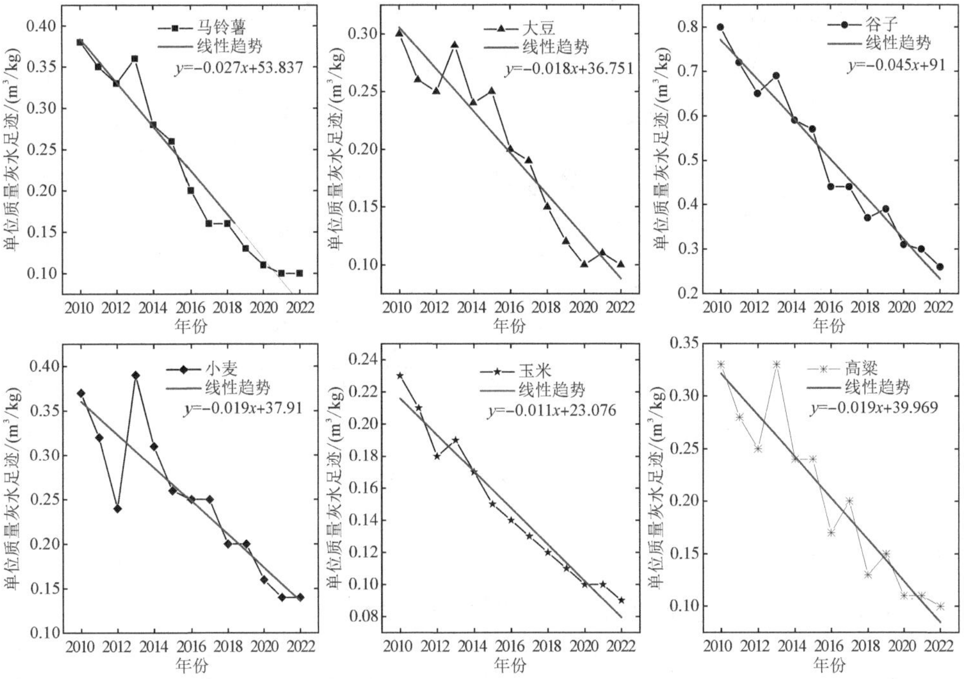

图 4－9　山西省 2010—2022 年作物单位质量灰水足迹年际变化

图 4－10 显示了 2010—2022 年山西省作物灰水足迹总量的年际变化情况。由图 4－10 可知，山西省作物灰水足迹总量由 2010 年的 $30.68\times10^8\ m^3$ 下降至 2022 年的 $14.19\times10^8\ m^3$，整体呈明显的下降趋势，下降了 $16.49\times10^8\ m^3$。从作物类型来看，2010—2022 年，马铃薯、大豆、谷子、小麦、玉米的灰水足迹总量呈下降趋势，变化范围分别为 $0.55\times10^8\sim0.83\times10^8\ m^3$、$0.18\times10^8\sim0.94\times10^8\ m^3$、$1.35\times10^8\sim2.69\times10^8\ m^3$、$2.89\times10^8\sim7.33\times10^8\ m^3$、$8.78\times10^8\sim20.07\times10^8\ m^3$。高粱的灰水足迹总量

呈上升趋势,变化范围为 $0.13\times10^8 \sim 0.54\times10^8\ m^3$。从各地市来看,太原市、长治市、临汾市、运城市、阳泉市、忻州市、朔州市、吕梁市、晋中市、晋城市、大同市的灰水足迹总量均呈下降趋势。其中,下降幅度最大的为晋城市,最小的为运城市。

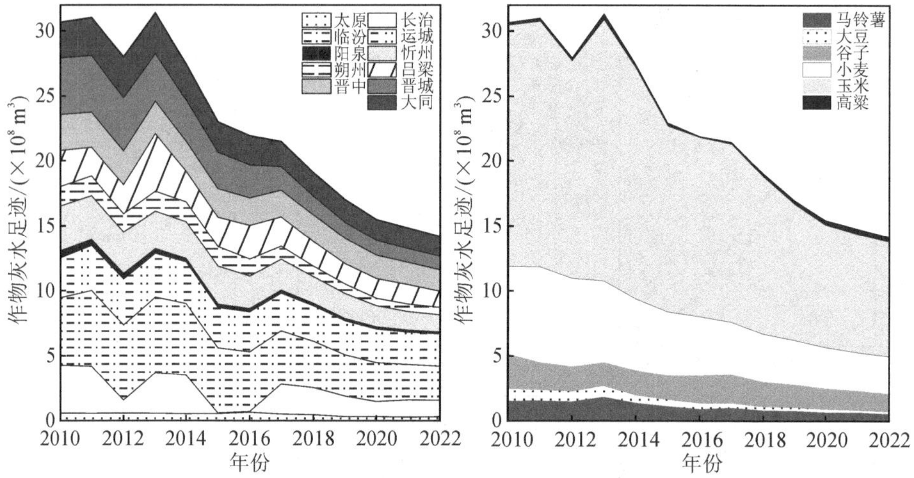

图 4-10 山西省 2010—2022 年作物灰水足迹总量年际变化

4.3.4 作物生产水足迹时间演变分析

图 4-11 显示了 2010—2022 年山西省作物单位质量水足迹及其组成情况。由图 4-11 可知,六种作物的多年平均单位质量水足迹存在明显差异,其中大豆的单位质量水足迹为 $4.4\ m^3/kg$,显著高于其他五种作物,属于该区的极高耗水作物;谷子的单位质量水足迹为 $2.92\ m^3/kg$,属于该区的高耗水作物;马铃薯的单位质量水足迹为 $2.33\ m^3/kg$,属该区的中耗水作物;高粱的单位质量水足迹为 $1.84\ m^3/kg$,属该区的低耗水作物;小麦和玉米的单位质量水足迹分别为 $1.50\ m^3/kg$ 和 $1.22\ m^3/kg$,属于该区的极低耗水作物。山西省六种作物中,大豆的单位面积产量最低,单位质量水足迹最高,作为主要粮食作物的小麦和玉米单位面积产量最

高，而单位质量水足迹却最低，这说明作物的单位面积产量越高，生产单位质量作物所需的水资源越少。从水足迹结构来看，各作物水足迹构成存在差异，马铃薯的水足迹构成为绿水足迹占 38%，蓝水足迹占 53%，灰水足迹占 9%；大豆的水足迹构成为绿水足迹占 43%，蓝水足迹占 52%，灰水足迹占 5%；谷子的水足迹构成为绿水足迹占 44%，蓝水足迹占 39%，灰水足迹占 17%；小麦的水足迹构成为绿水足迹占 28%，蓝水足迹占 55%，灰水足迹占 17%；玉米的水足迹构成为绿水足迹占 49%，蓝水足迹占 38%，灰水足迹占 13%；高粱的水足迹构成为绿水足迹占 53%，蓝水足迹占 36%，灰水足迹占 11%。马铃薯、大豆、小麦的水足迹构成以蓝水足迹为主，表明其在生产过程中对灌溉水的依赖性高，其中小麦的依赖性最高，这主要是因为山西省小麦种植以冬小麦为主，小麦生长的需水期与雨季不匹配。谷子、玉米、高粱的水足迹构成以绿水足迹为主，表明其生产过程主要依赖降水资源。六种作物中，谷子、小麦、玉米的灰水足迹较高，应注意其在生产过程中对水资源的污染问题。大豆的灰水足迹最低，主要是因为大豆作为固氮植物，在生长过程中所施

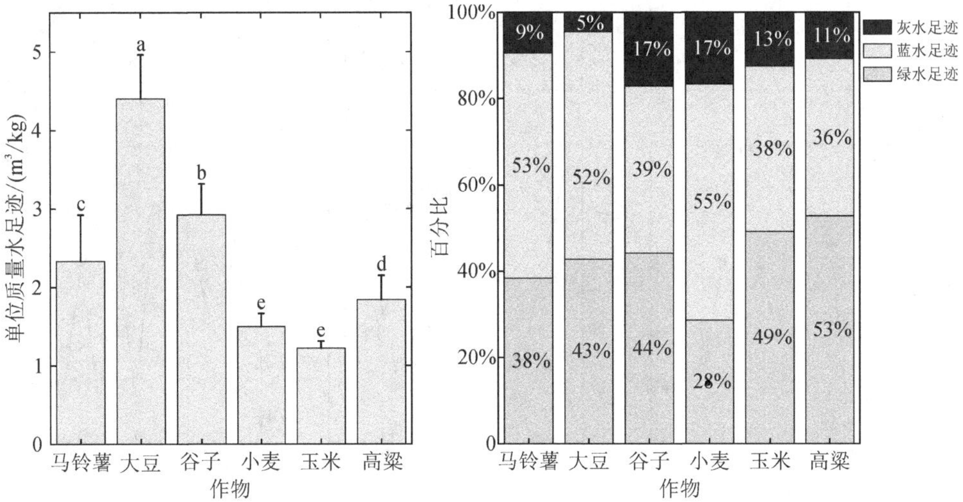

图 4-11　山西省 2010—2022 年作物单位质量水足迹及结构

注：小写字母表示 α=0.05 显著性水平下的差异。

用的氮肥最少。

山西省作物单位质量水足迹的年际变化如图 4－12 所示，可见，2010—2022 年山西省六种作物单位质量水足迹均呈下降趋势。在研究时段内，马铃薯单位质量水足迹下降速率为 0.142 (m^3/kg)/a，变化范围为 1.65～3.15 m^3/kg；大豆的下降速率为 0.105 (m^3/kg)/a，变化范围为 3.79～5.60 m^3/kg；谷子的下降速率为 0.08 (m^3/kg)/a，变化范围为 2.41～3.72 m^3/kg；小麦的下降速率为 0.007 (m^3/kg)/a，变化范围为 1.24～1.73 m^3/kg；玉米的下降速率为 0.009 (m^3/kg)/a，变化范围为 1.09～1.41 m^3/kg；高粱的下降速率为 0.052 (m^3/kg)/a，变化范围为 1.44～2.34 m^3/kg。六种作物中，马铃薯的下降速率最大，小麦的下降速率最小。

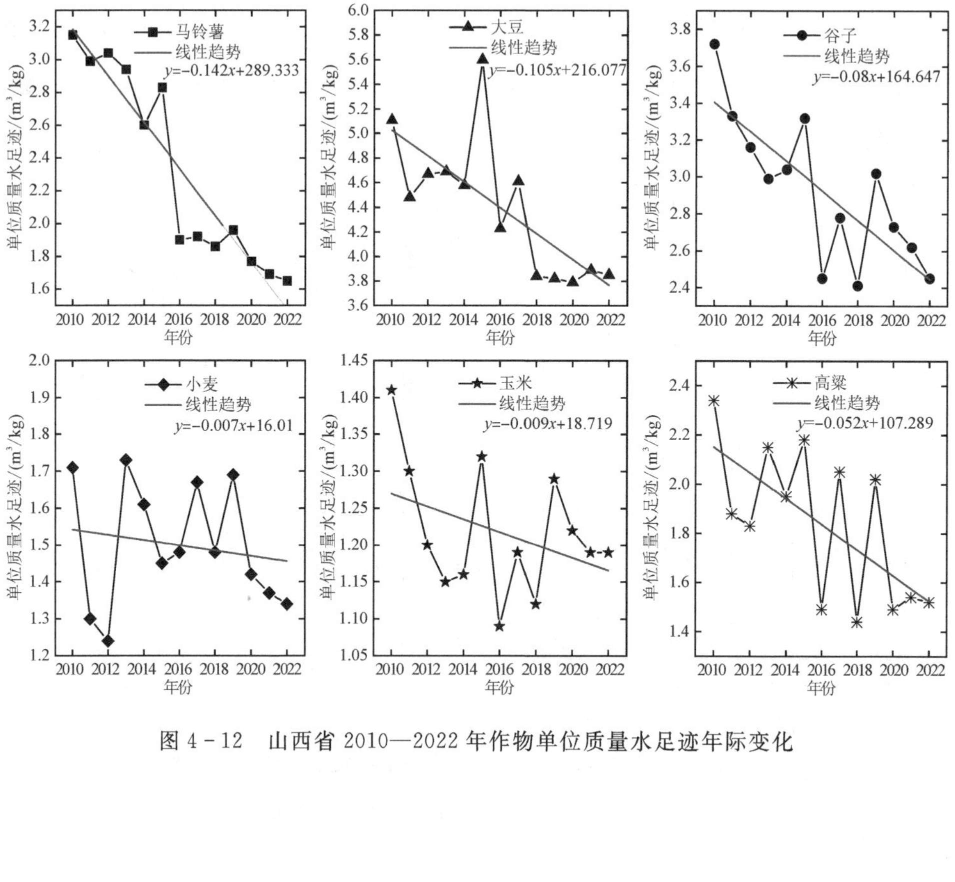

图 4－12　山西省 2010—2022 年作物单位质量水足迹年际变化

图 4－13 显示了 2010—2022 年山西省作物水足迹总量的年际变化情况。由图 4－13 可知，2010—2022 年，山西省作物水足迹总量整体呈下降趋势，2010 年的作物水足迹总量为 $198.39\times10^8\ m^3$，到 2022 年，波动下降至 $180.31\times10^8\ m^3$，下降了 $18.08\times10^8\ m^3$。从作物类型来看，2010—2022 年马铃薯、大豆、小麦、玉米的水足迹总量呈下降趋势，变化范围分别为 $9.42\times10^8\sim13.84\times10^8\ m^3$、$6.01\times10^8\sim13.54\times10^8\ m^3$、$24.93\times10^8\sim38.51\times10^8\ m^3$、$112.78\times10^8\sim128.3\times10^8\ m^3$。谷子和高粱的水足迹总量呈上升趋势，变化范围分别为 $7.64\times10^8\sim14.12\times10^8\ m^3$、$1.13\times10^8\sim6.08\times10^8\ m^3$。小麦和玉米的水足迹总量占比最大，主要是因为这两种作物是山西省最主要的粮食作物，产量大。从各地市来看，太原市、运城市、阳泉市、吕梁市、晋中市、晋城市、大同市的水足迹总量呈下降趋势；临汾市的水足迹总量呈上升趋势；长治市、忻州市、朔州市的水足迹总量变化趋势不明显。

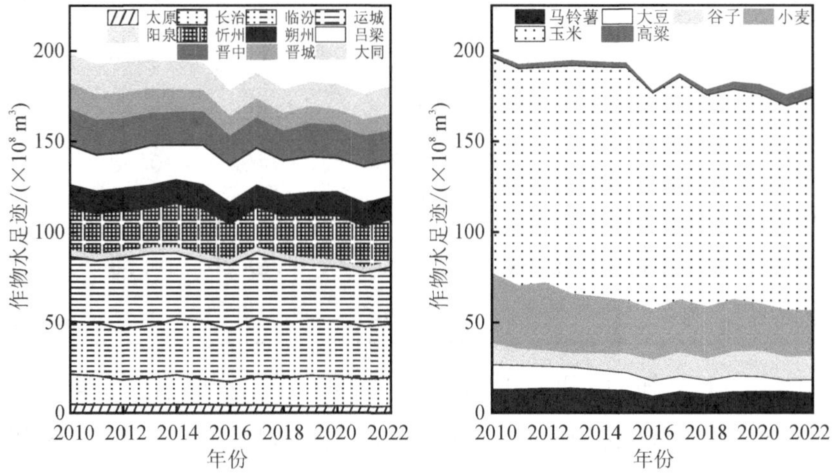

图 4－13　山西省 2010—2022 年作物水足迹总量年际变化

4.4 山西省农业水足迹空间分布特征

4.4.1 作物生产绿水足迹空间分布特征

表 4-1 显示了山西省六种粮食作物绿水足迹在研究时段内的空间分布情况。

表 4-1 山西省 2010—2022 年作物绿水足迹分布空间

城市	马铃薯/(m^3/kg)	大豆/(m^3/kg)	谷子/(m^3/kg)	小麦/(m^3/kg)	玉米/(m^3/kg)	高粱/(m^3/kg)
太原市	1.27	1.85	1.51	0.24	0.60	0.63
大同市	1.41	2.27	1.71	—	0.57	1.29
阳泉市	0.91	2.11	1.36	0.29	0.71	1.27
长治市	0.71	1.60	1.15	0.45	0.57	0.77
晋城市	0.94	1.71	1.06	0.51	0.65	0.66
朔州市	0.99	2.18	1.22	0.94	0.49	1.22
晋中市	0.73	1.25	0.90	0.32	0.43	0.58
运城市	0.70	1.76	1.38	0.45	0.58	0.97
忻州市	0.73	1.88	1.01	0.26	0.54	0.80
临汾市	0.53	0.93	1.15	0.38	0.58	1.18
吕梁市	0.92	3.14	1.76	0.49	0.76	1.26

由表 4-1 可知，山西省六种粮食作物绿水足迹空间差异较大。山西省 2010—2020 年马铃薯的绿水足迹高值主要分布在晋北和晋中地区，大同市的绿水足迹最高，达到 1.41 m^3/kg，这表明大同市在马铃薯的生产过程中所利用的有效降水量是最大的；马铃薯的绿水足迹最低值出现在晋南的临汾市，为 0.53 m^3/kg。大豆的绿水足迹高值主要集中在晋中地区，最高值出现在吕梁市，为 3.14 m^3/kg，最低值则分布在临汾市，

为 0.93 m^3/kg。谷子的绿水足迹高值集中在晋中地区，吕梁市的绿水足迹最高，为 1.76 m^3/kg，低值则主要分布在晋中市和忻州市两个地区，绿水足迹分别为 0.90 m^3/kg、1.01 m^3/kg。小麦作为山西省的主要粮食作物，绿水足迹的空间分布差异相对较小，最高值为 0.94 m^3/kg，出现在朔州市。玉米作为山西省的另一主要粮食作物，绿水足迹的空间分布差异较大，波动范围为 0.43～0.76 m^3/kg，最高值出现在吕梁市，最低值则出现在晋中市。高粱的绿水足迹波动范围为 0.58～1.29 m^3/kg，高值集中在晋中和晋北地区，最高值出现在大同市，最低值则出现在晋中市。

4.4.2　作物生产蓝水足迹空间分布特征

表 4－2 显示了山西省六种粮食作物蓝水足迹在研究时段内的空间分布情况。由表 4－2 可知，山西省六种粮食作物蓝水足迹空间差异较大。山西省 2010—2022 年马铃薯的蓝水足迹高值主要分布在晋北地区的大同市，最高值达到 2.37 m^3/kg，最低值则集中在晋南地区的临汾市、长治市和晋城市三个地市，最低值为 0.70 m^3/kg。大豆的蓝水足迹空间分布差异较大，高值集中分布在晋中和晋北地区，最高值为 3.55 m^3/kg，出现在大同市，低值同样集中在晋南的临汾市、长治市和晋城市。谷子的蓝水足迹高值同样出现在晋北地区的大同市，其蓝水足迹为 1.93 m^3/kg，低值出现在晋南的晋城市和长治市，其中晋城市最低，为 0.54 m^3/kg。小麦的蓝水足迹高值集中在晋北地区，朔州市的蓝水足迹最高，为 2.05 m^3/kg。玉米的蓝水足迹空间分布与其他五种作物差异较大，其蓝水足迹高值集中在晋南地区，最高值出现在运城市，为 0.66 m^3/kg，低值集中在晋东南地区，其中长治市最低，为 0.34 m^3/kg。高粱的蓝水足迹高值也出现在大同市，为 1.15 m^3/kg，长治市和晋城市的蓝水足迹较低，分别为 0.35 m^3/kg 和 0.28 m^3/kg。

表 4-2　山西省 2010—2022 年作物蓝水足迹分布空间

城市	马铃薯/(m^3/kg)	大豆/(m^3/kg)	谷子/(m^3/kg)	小麦/(m^3/kg)	玉米/(m^3/kg)	高粱/(m^3/kg)
太原市	1.61	2.35	1.35	0.51	0.49	0.43
大同市	2.37	3.55	1.93	—	0.58	1.15
阳泉市	1.05	2.20	0.92	0.65	0.39	0.65
长治市	0.70	1.39	0.66	0.67	0.34	0.35
晋城市	0.80	1.41	0.54	0.69	0.36	0.28
朔州市	1.28	2.61	1	2.05	0.40	0.79
晋中市	1.15	1.86	1	0.77	0.43	0.48
运城市	1.13	2.59	1.48	0.69	0.66	0.88
忻州市	1.18	2.68	0.99	0.75	0.47	0.59
临汾市	0.84	1.38	1.21	0.59	0.62	0.97
吕梁市	1.25	3.52	1.38	0.80	0.55	0.75

4.4.3　作物生产灰水足迹空间分布特征

表 4-3 显示了山西省六种粮食作物灰水足迹在研究时段内的空间分布情况。由表 4-3 可知，山西省六种粮食作物灰水足迹空间差异较大。马铃薯、大豆、谷子和高粱的灰水足迹高值主要分布在晋北地区，其高值均出现在大同市，分别为 0.53 m^3/kg、0.37 m^3/kg、1.04 m^3/kg、0.41 m^3/kg。马铃薯的灰水足迹低值集中在晋南地区，最低值出现在运城市，为 0.10 m^3/kg。大豆的灰水足迹低值同样集中在晋南地区，主要分布在临汾市和运城市，均为 0.12 m^3/kg。谷子的灰水足迹最低值出现在阳泉市，为 0.31 m^3/kg。高粱的灰水足迹低值主要分布在晋中地区，最低值出现在太原市，为 0.12 m^3/kg。小麦的灰水足迹高值出现在晋城市和朔州市，均为 0.47 m^3/kg。玉米的灰水足迹高值集中在晋南地区，最高值出现在晋城市，为 0.27 m^3/kg，最低值则出现在运城市，为 0.09 m^3/kg。

表 4-3　山西省 2010—2022 年作物灰水足迹分布空间

城市	马铃薯/(m^3/kg)	大豆/(m^3/kg)	谷子/(m^3/kg)	小麦/(m^3/kg)	玉米/(m^3/kg)	高粱/(m^3/kg)
太原市	0.28	0.19	0.56	0.15	0.14	0.12
大同市	0.53	0.37	1.04	—	0.21	0.41
阳泉市	0.14	0.13	0.31	0.11	0.10	0.16
长治市	0.14	0.14	0.35	0.23	0.12	0.16
晋城市	0.31	0.29	0.65	0.47	0.27	0.24
朔州市	0.18	0.17	0.33	0.47	0.10	0.19
晋中市	0.19	0.15	0.40	0.23	0.12	0.14
运城市	0.10	0.12	0.34	0.14	0.09	0.13
忻州市	0.18	0.19	0.37	0.19	0.13	0.15
临汾市	0.14	0.12	0.51	0.23	0.17	0.29
吕梁市	0.25	0.30	0.65	0.27	0.18	0.26

4.4.4　作物生产水足迹空间分布特征

表 4-4 显示了山西省六种粮食作物水足迹在研究时段内的空间分布情况。由表 4-4 可知，山西省六种粮食作物水足迹空间差异较大。马铃薯和大豆的水足迹呈现出由北向南下降的趋势，马铃薯的波动范围为 1.50～4.30 m^3/kg，大豆的波动范围为 2.43～6.96 m^3/kg。马铃薯水足迹的高值分布在大同市和太原市，大豆的水足迹高值分布在大同市和吕梁市，两种作物的水足迹最低值集中分布在临汾市。谷子和高粱的水足迹最高值同样分布在大同市，分别为 4.68 m^3/kg 和 2.85 m^3/kg，两种作物的水足迹低值集中分布在晋南地区的长治市和晋城市，谷子的水足迹最低值为 2.16 m^3/kg(长治市)，高粱的水足迹最低值为 1.18 m^3/kg(晋城市和太原市)。小麦的水足迹空间差异相对较小，最高值分布在晋北地区的朔州市，为 3.46 m^3/kg，低值分布在晋中地区的太原市和阳泉市，分别为0.90 m^3/kg 和 1.05 m^3/kg。玉米的水足迹空间差异较大，最

高值出现在吕梁市，为 1.48 m^3/kg，低值主要分布在朔州市、晋中市、长治市，其中晋中市和朔州市的水足迹最低，均为 0.98 m^3/kg。

表 4-4 山西省 2010—2022 年作物水足迹分布空间

城市	马铃薯/(m^3/kg)	大豆/(m^3/kg)	谷子/(m^3/kg)	小麦/(m^3/kg)	玉米/(m^3/kg)	高粱/(m^3/kg)
太原市	3.17	4.39	3.43	0.90	1.23	1.18
大同市	4.30	6.19	4.68	—	1.36	2.85
阳泉市	2.10	4.44	2.58	1.05	1.20	2.09
长治市	1.55	3.14	2.16	1.35	1.03	1.27
晋城市	2.05	3.41	2.25	1.67	1.28	1.18
朔州市	2.46	4.95	2.55	3.46	0.98	2.21
晋中市	2.06	3.25	2.30	1.31	0.98	1.20
运城市	1.93	4.46	3.20	1.28	1.34	1.97
忻州市	2.10	4.75	2.37	1.20	1.14	1.55
临汾市	1.50	2.43	2.87	1.20	1.37	2.44
吕梁市	2.42	6.96	3.79	1.56	1.48	2.27

第5章 山西省水资源与种植结构耦合特征

科学开展农业空间规划，优化农业种植结构，需要因水制宜、量水而行。水资源是支撑农业产业的基础要素，作物种植结构与面积的变化会影响水资源的利用结构和管理方式。反之，水资源的供需量及利用效率的变化直接关系着粮食的产量。山西省水资源一直处于紧缺状态且时空分布差异大，水资源总量在全国排名较后。山西省为中国北方重要的小杂粮主产区和特有杂粮产区，种植结构主要表现为杂粮有余、主粮不足，且粮食单产、总产量和种植面积一直在全国处于较低水平。因此，在实现国土空间规划、生态修复、生态体系建设的水资源供需平衡总目标下，梳理农业种植系统现状及存在的问题，提出适合水资源条件的农业种植结构具有重要意义。

在传统的水资源与农业种植结构优化配置领域的相关研究中，通常存在两种较为常见的配置方法：一种是在水资源相对确定的情况下优化种植结构，另一种是在种植结构确定的情况下优化农业水资源的管理。但是，水资源与种植结构二者是紧密联系相互制约的，不能简单按照固定的顺序分别进行优化配置。同时，种植结构优化的研究自20世纪70年代开始，已经历了由单一目标向多目标、结构优化向空间优化布局、只注重粮食产量向水-能-粮-生态协同优化的方向转变。因此，协同优化水资源与种植结构，可提高区域水土资源的利用效率和促进生态系统的平衡。

围绕山西省水资源与农业生产的研究主要集中在针对特定农作物，如马铃薯、玉米、小麦等的水资源合理配置，综合考虑水资源、种植结构复合系统（简称复合系统）耦合协调发展的研究鲜有报道。本研究根据2007—2020年山西省水资源与种植结构发展的相关数据，采用耦合协调度和地理探测器模型分析复合系统耦合协调度的时空变化规律，梳理水资源和农业发展之间的内在联系及驱动因素，以期为山西省水资源可持续利用和农业良性发展提出建议。

5.1 山西省水资源与种植结构耦合研究方法

5.1.1 指标选取与数据来源

山西省凭借其独特的地形地貌特征，形成了各地市在水资源分布与种植结构上显著的差异性。本研究将水资源系统和种植结构系统作为子系统，判断两系统的基本发展趋势，厘清两系统之间的耦合协调度，进而对影响耦合协调度空间分异的主要因子进行识别。水资源系统主要选取人均水资源量（X_1）、人均用水量（X_2）、第一产业用水占比（X_3）、生活用水占比（X_4）、生态环境用水占比（X_5）、地下水供水占比（X_6）、万元GDP用水量（X_7）和水资源开发利用率（X_8）8个指标。种植结构系统主要选取劳均农作物播种面积（X_9）、化肥施用强度（X_{10}）、农业机械化水平（X_{11}）、农村用电量（X_{12}）、劳均农业总产值（X_{13}）、农业发展增速（X_{14}）和单位面积粮食产量（X_{15}）7个指标，具体见表5-1。

表 5-1　复合系统耦合协调度评价指标体系

子系统	一级指标	二级指标	数据来源	权重
水资源	水资源禀赋	人均水资源量/m^3	水资源总量/总人口数	0.15
		人均用水量/m^3	总用水量/总人口数	0.06
	水资源利用	第一产业用水占比/%	第一产业用水量/总用水量	0.20
		生活用水占比/%	生活用水量/总用水量	0.17
		生态环境用水占比/%	生态环境用水量/总用水量	0.26
		地下水供水占比/%	地下水供水量/总用水量	0.04
		万元 GDP 用水量/m^3	地区 GDP/总用水量	0.04
		水资源开发利用率/%	总用水量/水资源总量	0.08
种植结构	种植投入	劳均农作物播种面积/hm^2	作物种植面积/农业从业人员数量	0.17
		化肥施用强度/($t \cdot hm^{-2}$)	农用化肥施用量/作物种植面积	0.07
		农业机械化水平/($kW \cdot hm^{-2}$)	农业机械总动力/作物种植面积	0.27
		农村用电量/($\times 10^4$ $kW \cdot h$)	统计年鉴获取	0.22
	种植产出	劳均农业总产值/万元	农业产值/农业从业人员数量	0.17
		农业发展增速/%	(当年农业产值－上一年农业产值)/上一年农业产值	0.04
		单位面积粮食产量/($kg \cdot hm^{-2}$)	粮食产量/粮食种植面积	0.06

5.1.2　模型构建

1. 熵值法

熵值法是一种客观的权重赋值方法，旨在减少评价过程中的主观性，能够较为客观地依据所提供的信息确定各指标的权重。本研究采用熵值法计算山西省各地市在两系统中的各项指标权重。

2. 综合发展指数

本研究利用指标的标准化值和权重计算 11 个地市水资源系统

(T_1)、种植结构系统(T_2)和复合系统(T)的综合发展指数，计算公式如下：

$$T_i = \sum_{j=1}^{n} W_{tij}$$

$$T = \lambda T_1 + \mu T_2$$

式中，两系统对复合系统而言具有同等重要性，故 $\lambda = \mu = 1/2$。

3. 耦合协调度模型

耦合协调度广泛运用于测算系统间相互作用的程度。本研究采用耦合协调度模型来衡量两系统之间的交互关系。其计算公式如下：

$$D = \{[2\sqrt{T_1 T_2}/(T_1 + T_2)] \times T\}^{1/2}$$

式中，D 为耦合协调度，$D \in (0,1)$，其数值越大，表示耦合协调度越高(见表 5-2)。

表 5-2 复合系统耦合协调度适配类别

协调发展阶段	耦合协调度 D 值	耦合协调程度
失调阶段	[0～0.1]	极度失调
	(0.1～0.2]	严重失调
	(0.2～0.3]	中度失调
	(0.3～0.4]	轻度失调
磨合阶段	(0.4～0.5]	濒临失调
	(0.5～0.6]	勉强失调
协调阶段	(0.6～0.7]	初级协调
	(0.7～0.8]	中级协调
	(0.8～0.9]	良好协调
	(0.9～1.0]	优质协调

4. 探索性空间数据分析

探索性空间数据分析是研究地区社会经济发展空间分异的基本方法，通过对各项数据指标进行空间可视化，能够有效判别该指标的集聚或离散程度。在这一过程中，空间自相关的测度常采用莫兰指数，其中全局莫兰指数（Global Moran's *I*）用于评估属性值在空间上的聚集程度，局部莫兰指数（Local Moran's *I*）则可进一步识别属性值的高值或低值聚集区域。本研究通过计算山西省 11 个地市的水资源禀赋及种植结构耦合协调度的全局莫兰指数和局部莫兰指数，旨在探讨各地市复合系统耦合协调度的空间依赖性与差异性。

5.1.3　地理探测器

地理探测器是一种用于探测空间分异性的方法，能够有效探测其潜在影响因子，并揭示耦合协调度空间分异的主要影响因子及其相互作用。本研究采用地理探测器中的"因子探测器"和"交互式探测器"，旨在考察两系统耦合协调发展的影响因素及其交互作用。

5.2　山西省水资源与种植结构耦合情况

5.2.1　综合发展指数

1. 水资源系统综合发展指数

图 5－1 显示了山西省 11 个地市 2007—2020 年水资源综合发展指数时空变化情况。从时间维度来看，全省水资源系统综合发展指数随时间变化呈现出上升的态势，具体由 2007 年的 0.29 增长至 2020 年的 0.50。在此期间，吕梁市展现出了最大的增长幅度，其指数由 2007 年的 0.26 大幅提升至 2020 年的 0.67，增幅高达 158%；其次是晋中市，其增幅达到了 126%。相对而言，晋城市的增长幅度最小，为 23%，其次为阳泉市，增长幅度为 43%。此外，随着时间推移，各地市间的水资源系统综合发展指数差异呈现出扩大趋势，2007 年水资源系统综合发展指数

高低差值为 0.37，而到了 2020 年，这一差值已扩大至 0.53。

在空间分布上，各地市的水资源系统综合发展指数呈现出一定的差异性，由高到低依次为阳泉市、太原市、晋城市、吕梁市、长治市、忻州市、大同市、晋中市、临汾市、朔州市、运城市。根据各地市 2007—2020 年水资源系统综合发展指数的均值，可将其分为三个等级：表现最好的地市是阳泉市，其次为太原市，其均值分别为 0.64 和 0.56，显著高于其他地市；表现居中的地市为晋城市、吕梁市、长治市、忻州市、大同市、晋中市和临汾市，其均值介于 0.33 至 0.50 之间；表现最差的地市是运城市，其次为朔州市，其均值分别为 0.15 和 0.25。

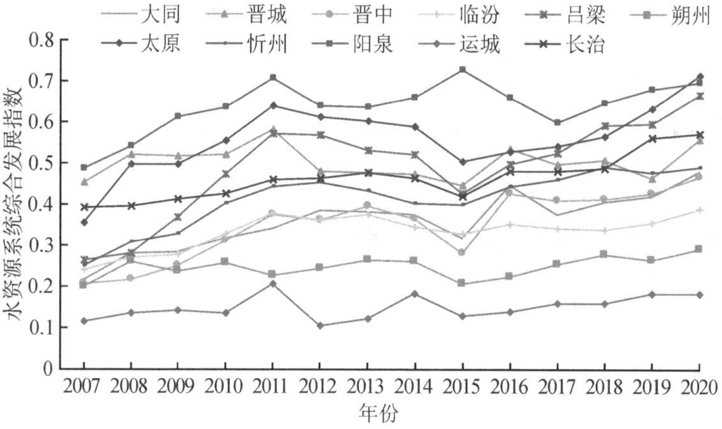

图 5-1　水资源系统综合发展指数变化趋势

2. 种植结构系统综合发展指数

图 5-2 显示了山西省 11 个地市 2007—2020 年种植结构系统综合发展指数时空变化情况。在时间维度上，全省种植结构系统综合发展指数随时间变化呈现出上升的态势，其平均值从 2007 年的 0.22 提升至 2020 年的 0.32。具体而言，大同市在这一时期内的增长幅度最为显著，其指数值由 2007 年的 0.13 增长至 2020 年的 0.31，增幅高达 138%；朔州市紧随其后，增幅达到了 109%。然而，阳泉市与太原市的指数值却

分别下降了 44%和 16%。

在空间分布上,各地市种植结构系统综合发展指数由高到低依次为运城市、阳泉市、朔州市、晋中市、吕梁市、临汾市、晋城市、太原市、忻州市、大同市、长治市。根据各地市 2007—2020 年种植结构系统综合发展指数的均值,可将其分为三个等级:表现最好的地市为运城市,2007—2020 年均值为 0.40,显著高于其他地市;表现居中的地市为阳泉市、朔州市和晋中市,3 个地市 2007—2020 年均值介于 0.33 至 0.34 之间;表现最差的地市为吕梁市、临汾市、晋城市、太原市、忻州市、大同市和长治市,7 个地市 2007—2020 年均值介于 0.20 至 0.26 之间。

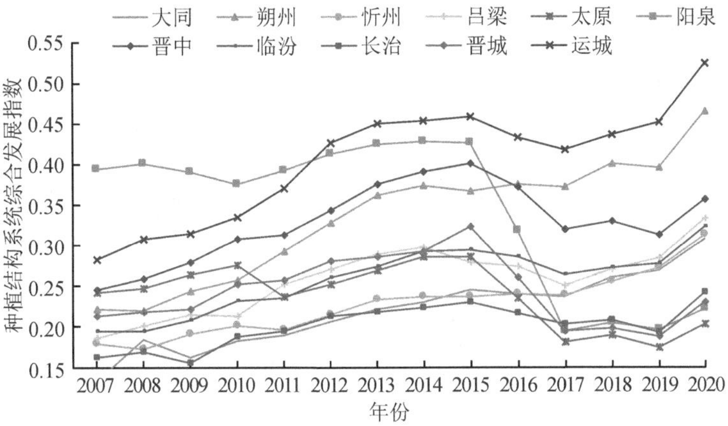

图 5-2　种植结构系统综合发展指数变化趋势

3. 复合系统综合发展指数

图 5-3 显示了山西省 11 个地市 2007—2020 年复合系统综合发展指数时空变化情况。在时间维度上,全省复合系统综合发展指数随时间变化呈现出波动上升的态势,全省均值由 2007 年的 0.26 增长至 2020 年的 0.41,增长幅度为 58%。其中,大同市增幅最大,达到了 125%,其次为吕梁市,增幅为 122%;阳泉市增幅最小,增幅为 4.18%,其次为晋城市,增幅为 18.2%。

在空间分布上，各地市复合系统综合发展指数由高到低依次为阳泉市、太原市、吕梁市、晋城市、晋中市、长治市、忻州市、临汾市、朔州市、大同市、运城市。根据各地市2007—2020年复合系统综合发展指数均值，可将其分为三个等级：表现最好的为阳泉市，2007—2020年均值为0.49，显著高于其他地市；表现居中的地市为太原市、吕梁市和晋城市，3个地市2007—2020年均值介于0.37至0.40之间；表现最差的地市为运城市、大同市、朔州市、临汾市、忻州市、长治市和晋中市，7个地市2007—2020年均值介于0.27至0.34之间。

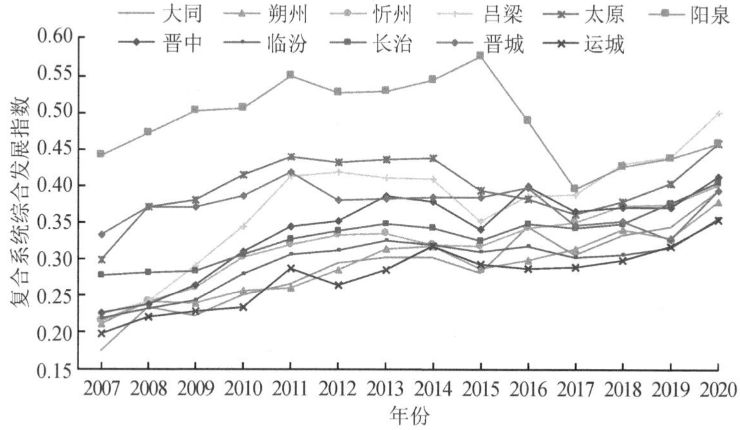

图5-3 复合系统综合发展指数变化趋势

5.2.2 耦合协调度及其时空演变

1. 复合系统耦合协调度的时空特征

根据2007年至2020年期间的数据，山西省复合系统的耦合协调度呈现出波动上升的趋势（见表5-3）。全省的平均耦合协调度从0.49提升至0.68，增幅达38.8%。这一增长与各子系统发展水平的提升密切相关。全省均值总计涉及两个协调发展阶段中的三个耦合协调程度：2007年为磨合阶段的濒临失调程度，2008年至2019年期间为磨合阶段中的勉强失调程度，而 2020 年为协调阶段中的初级协调程度。

表 5－3 2007—2020 年各市复合系统耦合协调度变化趋势

年份	大同市	朔州市	忻州市	吕梁市	太原市	阳泉市	晋中市	临汾市	长治市	晋城市	运城市
2007	濒临失调	濒临失调	濒临失调	濒临失调	勉强失调	初级协调	濒临失调	濒临失调	勉强失调	勉强失调	濒临失调
2008	濒临失调	濒临失调	濒临失调	濒临失调	勉强失调	初级协调	濒临失调	濒临失调	勉强失调	勉强失调	濒临失调
2009	濒临失调	濒临失调	勉强失调	勉强失调	初级协调	初级协调	勉强失调	濒临失调	勉强失调	勉强失调	濒临失调
2010	濒临失调	勉强失调	勉强失调	勉强失调	初级协调	初级协调	勉强失调	勉强失调	勉强失调	初级协调	濒临失调
2011	勉强失调	勉强失调	勉强失调	初级协调	初级协调	中级协调	勉强失调	勉强失调	勉强失调	初级协调	勉强失调
2012	勉强失调	勉强失调	勉强失调	初级协调	初级协调	中级协调	勉强失调	勉强失调	勉强失调	初级协调	濒临失调
2013	勉强失调	勉强失调	勉强失调	初级协调	初级协调	中级协调	初级协调	勉强失调	勉强失调	初级协调	濒临失调
2014	勉强失调	勉强失调	勉强失调	初级协调	初级协调	中级协调	初级协调	勉强失调	勉强失调	初级协调	勉强失调
2015	勉强失调	勉强失调	勉强失调	勉强失调	初级协调	中级协调	勉强失调	勉强失调	勉强失调	初级协调	濒临失调
2016	勉强失调	勉强失调	勉强失调	初级协调	勉强失调	初级协调	初级协调	勉强失调	勉强失调	初级协调	濒临失调
2017	勉强失调	勉强失调	勉强失调	初级协调	勉强失调	勉强失调	初级协调	勉强失调	勉强失调	勉强失调	勉强失调
2018	勉强失调	勉强失调	勉强失调	初级协调	勉强失调	初级协调	初级协调	勉强失调	勉强失调	勉强失调	勉强失调
2019	勉强失调	勉强失调	初级协调	初级协调	勉强失调	初级协调	初级协调	勉强失调	勉强失调	勉强失调	勉强失调
2020	初级协调	初级协调	初级协调	初级协调	初级协调	初级协调	初级协调	勉强失调	初级协调	勉强失调	勉强失调
均值	勉强失调	勉强失调	勉强失调	勉强失调	初级协调	初级协调	勉强失调	勉强失调	勉强失调	勉强失调	濒临失调

在空间分布上，各地市 2007—2020 年的复合系统耦合协调度均值由高到低依次为阳泉市、太原市、吕梁市、晋城市、晋中市、忻州市、长治市、临汾市、朔州市、大同市、运城市。各地市 2007—2020 年的复合系统耦合协调度均值同样涉及两个协调发展阶段中的三个耦合协调程度，其中运城市为磨合阶段中的濒临失调程度，阳泉市、太原市为协调阶段中的初级协调程度，其余地市均处于磨合阶段中的勉强失调程度。然而，根据 2020 年的数据来看，除临汾市、晋城市和运城市依然处于磨合阶段的勉强失调程度外，其余地市均已进入协调阶段的初级协调程度。阳泉市 2007—2020 年的耦合协调度始终位居全省首位，但其增幅却为全省唯一的负值。相较之下，2007—2020 年大同市、吕梁市、忻州市、晋中市和朔州市的增速快，成功实现了从濒临失调到初级协调的跨越。增速较缓的两个地市为阳泉市和晋城市，二者 2007—2020 年耦合协调程度均呈现先升后降趋势。

2. 全局空间关联性

按照全局莫兰指数的期望值计算公式，可知所有年份的莫兰指数期望值均为−0.1。一般而言，Z 值越大，其空间集聚程度越高，表明随着年份的推移，空间关联性整体上呈上升趋势。2008 年，复合系统耦合协调度的全局莫兰指数为负且不显著，表明空间集聚特征不明显。而在其余年份中，全局莫兰指数均为正值，表明整体上呈现出以空间集聚为主的特征，显示出耦合协调度在全省范围内整体上呈现正相关，即耦合协调度高的地区与其他高耦合协调度地区相邻（见表 5－4）。具体而言，2009 年至 2011 年、2015 年及 2019 年的全局莫兰指数均为正，但未通过 90％置信水平下的显著性检验。2007 年虽然通过了显著性检验，但其莫兰指数仅为 0.045，表明虽然存在集聚效应，但集聚程度相对较弱。2012 年至 2014 年、2016 年至 2018 年，全局莫兰指数在显著性检验通过的前提下均为正且大于 0.3，显示出集聚程度明显增强，表明耦合协调度较高的地市之间彼此临近，而耦合协调度较低的地市也呈现出彼此临近的趋势。然而，在 2018 年至 2020 年间，莫兰指数显著下降，表明空间集聚效应有所减弱。

整体来看，2007—2020 年，山西省各地市的空间依赖性经历了由弱变强再减弱的变化过程。尽管全局莫兰指数偏低，反映出山西复合系统耦合协调度总体上呈上升趋势，但 11 个地市之间的交互效应并不显著，各地市更倾向于自身的发展，对周边地区的协同作用相对较弱。

表 5-4　2007—2020 年复合系统耦合协调度的全局莫兰指数

年份	全局莫兰指数	期望 E	sd	Z 值	P 值
2007	0.045	−0.1	0.285	0.469	0.045
2008	−0.129	−0.1	0.288	−0.144	0.461
2009	0.058	−0.1	0.289	0.522	0.301
2010	0.207	−0.1	0.309	0.964	0.193
2011	0.318	−0.1	0.305	1.3605	0.102
2012	0.323	−0.1	0.304	1.374	0.079
2013	0.385	−0.1	0.305	1.572	0.041
2014	0.350	−0.1	0.292	1.538	0.072
2015	0.166	−0.1	0.267	0.959	0.196
2016	0.443	−0.1	0.315	1.6804	0.038
2017	0.338	−0.1	0.315	1.4015	0.079
2018	0.381	−0.1	0.316	1.556	0.067
2019	0.236	−0.1	0.318	1.116	0.155
2020	0.275	−0.1	0.288	1.328	0.078

注：sd 为标准误差；P 值为估计概率。

3. 局部空间关联性

在 2007 年、2011 年、2015 年和 2020 年的莫兰散点图中，趋势线斜率表现为正值(见图 5 - 4)，这表明各地市间的耦合协调度存在集聚效应。但是，各年份的集聚程度存在显著差异。具体而言，2007 年第一象限有 2 个地市，第三象限有 4 个地市，整体呈现出较低的集聚水平。到 2011 年，第一象限与第三象限的地市总数增加至 9 个，显示出"高-高"集聚和"低-低"集聚的地市明显增加。进入 2015 年，第一象限的地市减少至 3 个，而第三象限的地市个数与 2011 年持平，表明"高-高"集聚地市的数量有所减少。至 2020 年，第三象限的地市由 5 个减少至 3 个，且"低-低"集聚的地市数量也有所减少，整体的集聚效应进一步减弱。综合而言，2007—2020 年山西省各地市的空间依赖性呈现出由弱至强再减弱的变化趋势。

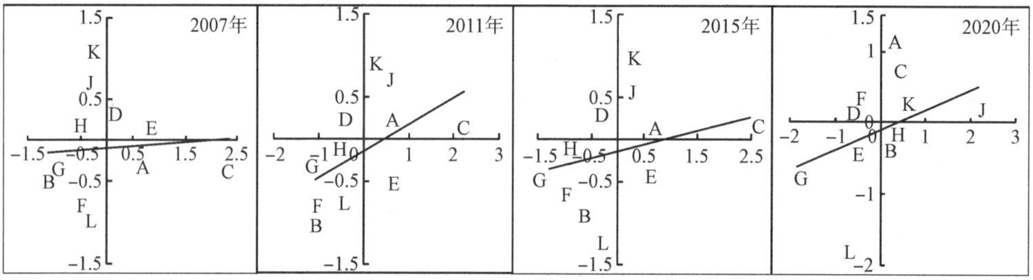

A—太原市；B—大同市；C—阳泉市；D—长治市；E—晋城市；F—朔州市；G—运城市；H—忻州市；J—吕梁市；K—晋中市；L—临汾市

图 5 - 4　2007—2020 年复合系统耦合协调度的局部莫兰指数散点图

5.3 山西省水资源与种植结构耦合驱动因素

5.3.1 水资源与种植结构耦合协调度影响因素

为探明山西省两系统耦合协调空间分异的机制及主导驱动因子，本研究采用地理探测器对其探测发现，影响耦合协调度的主导因子依次为 X_{11}（农业机械化水平）、X_3（第一产业用水占比）、X_5（生态环境用水占比）、X_4（生活用水占比）、X_6（地下水供水占比）、X_2（人均用水量）。上述主导因子分析表明，水资源利用（X_3、X_4、X_5、X_6）、水资源禀赋（X_2）和种植投入（X_{11}）等对山西省两系统耦合协调度的空间分异起到主导作用（见图 5－5）。

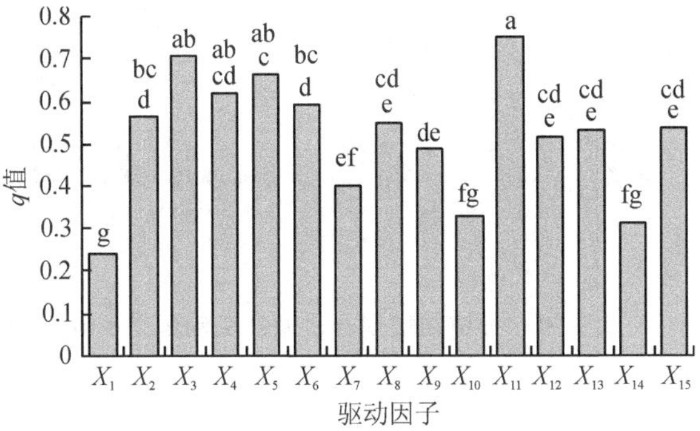

图 5－5　水资源与种植结构耦合协调度驱动因子排名

注：柱顶标记的不同小写字母表示差异达显著（$p<0.05$）水平。

由于两系统耦合协调的复杂性与系统性，其空间分异同样受到多种因子的相互影响。本研究通过对研究区域内两系统耦合协调度的不同影响因子进行交互探测，识别出不同因子之间的相互作用。研究结果显示，各个因子与其他探测因子的交互值均高于各因子单独作用的值，并且绝大多数交互值的解释力超过 80％（见图 5－6），这表明各因子间的双重交互对两系统的耦合协调度产生了双因子增强的效果。此外，研究还表明水资源的禀赋是区域农业发展的基础，良好的水资源条件有效促进了区域农业的发展，且合理的水资源利用及对种植业投入的加大，同样能显著提升种植业的产出。

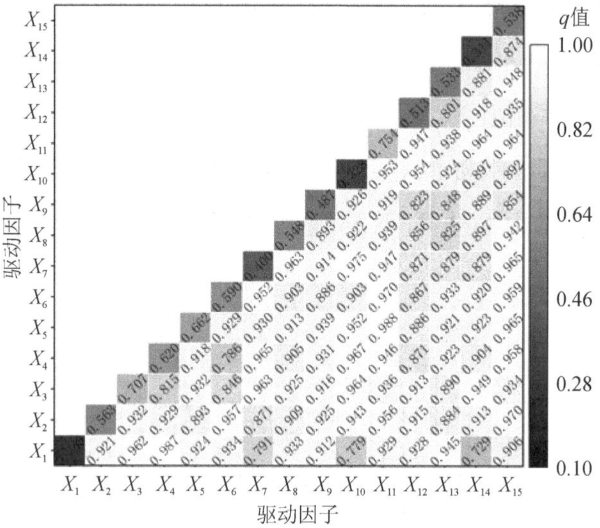

图 5-6　水资源与种植结构耦合协调度驱动因子交互探测结果

5.3.2　讨论

在 2014 年至 2020 年期间，阳泉市的复合系统耦合协调度总和达到了 9.48，位居山西省首位，展现出极为优异的耦合协调关系。该市的两个系统均表现出较高的综合发展指数，然而，其耦合协调发展的增速较慢，特别是在 2017 年至 2020 年间，两个系统的综合发展指数均出现了不同程度的下滑，这与山西省内其他城市的上升趋势相反。从种植结构系统层面分析，近年来阳泉市的农业机械化水平和农村用电量呈现出下降趋势。因此，为防止过度城市化导致的农业用地缩减，阳泉市需进一步强化对土地资源利用的监管，实施严格的耕地保护政策，确保耕地资源的数量与质量，并科学提升耕作质量。

太原市在此期间的复合系统耦合协调度总和为 8.42，位列全省第二。其水资源系统综合发展指数较高，但种植结构系统综合发展指数相对较低，这在一定程度上阻碍了耦合协调度的良性发展。从种植结构系统来看，太原市虽然农业机械化水平较高，但粮食单产却较低。因此，建议太原市在充分高效利用水土资源的基础上，提升农业精细化生产水平，以进一步提高作物单产。

吕梁市、晋城市和晋中市的复合系统耦合协调度总和分别为 8.31、8.26 和 8.11，均表现出较好的耦合协调发展关系，说明这三个城市的两个系统之间具有较高的相互依赖和影响程度。

忻州市的复合系统耦合协调度总和为 7.72，在全省处于中等水平。其水资源系统综合发展指数尚可，但种植结构系统综合发展指数稍逊。从种植结构系统来看，忻州市化肥施用强度较大，而农业机械化水平、劳均农业总产值以及单位面积粮食产量均较低，这表明该市可能存在化肥滥用的问题。因此，建议忻州市进一步加强农田水利设施建设，以保障复合系统的良性发展。

长治市的复合系统耦合协调度总和同样为 7.72，也处于全省中等水平。其水资源系统综合发展指数较高，但种植结构系统综合发展指数在全省最低，影响长治市种植结构系统发展的两个主要指标为农业机械化水平和劳均农业总产值。

临汾市和朔州市的复合系统耦合协调度总和分别为 7.57 和 7.47，整体水平较低，表明这两座城市面临着较大的协调发展挑战。两市均为水资源系统综合发展指数较低而种植结构系统综合发展指数较高。因此，两市需加强政策引导，优化升级农业产业结构，推进农业集约化生产，以降低生产成本并提高用水效率。

大同市的复合系统耦合协调度总和为 7.40，在全省排名中仅高于运城市，水平较低，显示出该市存在显著的协调发展问题。运城市的复合系统耦合协调度总和为 6.91，位列全省末尾，这意味着该市两个系统之间的相互依赖和影响程度极低。同时，运城市水资源系统和种植结构系统的综合发展指数分别处于全省最低和最高的位置。从水资源系统来看，运城市人均水资源量较少但人均用水量较高，第一产业用水占比大，水资源开发利用率高。因此，建议运城市加大农业现代化生产要素的投入力度，改善农业节水灌溉方式，以提高农业用水效率。

复合系统的耦合协调发展受众多因素影响，当水资源系统与种植结构系统之间的相互负向影响降至最低时，两者的耦合协调阶段才能达到最佳状态。山西省复合系统的耦合协调度在空间上分布相对集中，但集聚程度有待提高。因此，各地市之间应加强协同合作与带动作用，特别是耦合协调度较高的地区应向周边地市分享经验和技术，形成对周围地区的优势辐射效应，共同推动全省水资源系统与种植结构系统的可持续良性发展。

第6章　山西省水-能-粮与农业种植结构

水资源供给安全、能源供给安全、粮食供给安全是人类生存和发展的重要保障。然而，随着气候的变化、人口的快速增长、城市化进程的加快以及社会经济的发展，这些基本资源的供给安全正面临着前所未有的挑战。在我国，尤其是人口众多且水土资源相对匮乏的背景下，保障粮食安全具有重要的战略意义。

山西省粮食产量和种植面积一直处于全国较低水平，虽在近年来提高了科技水平和加大了政策扶持的力度，但粮食产值和种植面积与既定标准相比，仍然存在一定的差距。更为严峻的是，山西省水资源严重短缺，水土流失面积占全省土地面积的69%，且地表水重度污染断面比例也高达32%，再加上山西地处生态环境脆弱区，耕地资源少且极易受到破坏，这使得山西省的农业发展面临重重困难。

基于山西省水资源、环境及农业资源等现状，本研究深入剖析山西省农业生产过程中水、能源和粮食之间的内在联系，并细致研究山西省在粮食生产中的现状与问题，为山西省农业种植结构优化提供理论依据和实践指导。本研究主要利用水足迹和能源消耗核算模型分析山西省主要农作物的耗水及耗能特点，以水资源、能源、粮食等作为约束条件构建多目标规划模型，对主要农作物的种植结构进行优化调整，并对未来的种植结构进行科学规划。

6.1 山西省水-能-粮与农业种植结构研究方法

6.1.1 水足迹核算模型

水足迹是指生产过程中所消耗的水资源总量，包括蓝水、绿水和灰水足迹。其中，蓝水足迹指农作物灌溉用水，即作物生长过程中消耗的地表和地下水；绿水足迹指作物吸收的有效降水；灰水足迹指稀释农药化肥等污染物所消耗的水资源量。农作物水足迹计算方法具体如下：

$$\mathrm{WF_c} = \mathrm{WF_{c\text{-}blue}} + \mathrm{WF_{c\text{-}green}} + \mathrm{WF_{c\text{-}grey}}$$

式中，$\mathrm{WF_c}$ 为农作物水足迹（m^3）；$\mathrm{WF_{c\text{-}blue}}$ 为农作物蓝水足迹（m^3）；$\mathrm{WF_{c\text{-}green}}$为农作物绿水足迹（$m^3$）；$\mathrm{WF_{c\text{-}grey}}$为农作物灰水足迹（$m^3$）。

本研究采用联合国粮农组织 FAO－56 提供的 CropWat 模型，利用作物蒸发蒸腾需水量计算农作物的蓝水足迹和绿水足迹，灰水足迹则主要计算作物生长过程中的化肥、农药造成的水资源污染量。具体计算公式如下：

$$\mathrm{ET_c} = K_0 \times \mathrm{ET_0}$$

$$\mathrm{WF_{c\text{-}blue}} = 10 \times \sum_{d=1}^{n} \max(0, \mathrm{ET_c} - P_{\mathrm{eff}}) \times A$$

$$\mathrm{WF_{c\text{-}green}} = 10 \times \sum_{d=1}^{n} \min(\mathrm{ET_c}, P_{\mathrm{eff}}) \times A$$

$$\mathrm{WF_{c\text{-}grey}} = (a \times \mathrm{AF}) / (c_{\max} - c_{\mathrm{nat}})$$

式中，$\mathrm{ET_c}$ 表示单位面积农作物需水量（mm）；K_0 为作物生长发育期的作物系数，FAO 推荐了 84 种作物不同生长环境下的作物系数，在此结合山西省实际环境及栽培情况，选择最终参数进行计算；$\mathrm{ET_0}$ 为参考作物蒸散发量，利用 Penman-Monteith 公式，根据温度、湿度、风速和日照时数计算；P_{eff}表示有效降水量（mm）；$\mathrm{ET_c}$ 和 P_{eff}利用 CropWat 8.0 软件辅助计算；A 表示农作物种植面积（hm^2）；n 为农作物全生育期天数，$d=1,2,3,\cdots$；a 表示淋溶率，为进入水中的污染量占总化学物质投入量的比重，一般为 10%；AF 表示单位面积内农作物的化肥施用量（kg/hm^2）；c_{max} 表示最大环境容许污染物浓度（kg/m^3），本研究仅考虑氮肥污染，一般氮元素污染上限为 10 mg/L；c_{nat} 表示污染物的自然本底浓度（kg/m^3），一般取 0。

6.1.2　能耗核算模型

农作物能耗是指作物生长周期内所消耗的全部能源，涵盖燃料、电力、农药、化肥及农业机械等投入。本研究采用能量核算方式，能源消耗量（EC_i）通过各个能源投入量（EI_i）乘以相应的能耗系数（N_i）得出。

$$\mathrm{EC}_i = \mathrm{EI}_i \times N_i$$

农业能耗核算涵盖燃料、电力、化肥、农药、农业机械及灌溉等方面。各项能源投入的消耗计算如下：

$$\mathrm{EC_f} = C_\mathrm{f}/\mathrm{UP_f} \times N_\mathrm{f} = (\mathrm{UA_{f1}} + \mathrm{UA_{f2}} \times b)/\mathrm{UP_f} \times N_\mathrm{f}$$

$$\mathrm{EC_e} = C_\mathrm{e}/\mathrm{UP_e} \times N_\mathrm{e} = (\mathrm{UA_{e1}} - \mathrm{UA_{e2}})/\mathrm{UP_e} \times N_\mathrm{e}$$

$$\mathrm{EC_p} = C_\mathrm{p}/\mathrm{UP_p} \times N_\mathrm{p} = \mathrm{UA_p}/\mathrm{UP_p} \times N_\mathrm{p}$$

$$\mathrm{EC_{cf}} = \mathrm{UA_{cf}} \times N_\mathrm{cf}$$

$$\mathrm{EC} = (\mathrm{EC_f} + \mathrm{EC_e} + \mathrm{EC_p} + \mathrm{EC_{cf}}) \times A$$

式中，EC_f、EC_e、EC_p、EC_{cf} 分别为农作物单位种植面积的燃料、电力、农药、化肥能耗（kJ/hm^2）；C_f、C_e、C_p 分别为燃料、电力、农药费用；UP_f、UP_e、UP_p 分别为燃料、电力、农药的单位价格；N_f、N_e、N_p、N_{cf} 分别为燃料、电力、农药、化肥的能耗系数；UA_{f1}、UA_{f2}、UA_{e1}、UA_{e2}、UA_p 分别为单位面积燃料动力费、机械作业费、排灌费、水费、农药费；b 表示燃料动力费在机械作业费中的比重，一般取 40%；UA_{cf} 表示单位面积的化肥用量（kg/hm^2）；EC 表示农作物能源消耗总量；A 为农作物种植面积。

6.1.3 种植结构优化模型

种植结构优化可以促进资源的优化配置。本研究主要利用 Lingo 构建多目标规划模型，进行种植结构优化分析。

1. 决策变量

考虑到农业种植结构优化的目标是实现各种农作物种植面积的合理比例与相对最佳生态效益和经济效益，所以在此以山西省主要农作物的种植面积为决策变量，包括小麦(x_1)、玉米(x_2)、谷子(x_3)、大豆(x_4)、油料(x_5)、蔬菜(x_6)的种植面积。

2. 目标函数

本研究以经济效益最大化和生态效益最大化为目标，其中生态效益最大化以化肥施用量最小衡量。

$$\max F_1(x) = \sum_{i=1}^{6} G_i x_i - \sum_{i=1}^{6} C_i x_i$$

$$\min F_2(x) = \sum_{i=1}^{6} E_i x_i$$

式中，$F_1(x)$ 表示总经济效益(万元)；$F_2(x)$ 表示总化肥施用量；G_i 表示第 i 种作物单位面积收益(元 /hm^2)；C_i 表示第 i 种作物单位面积成本(元 /hm^2)；E_i 表示第 i 种作物单位面积化肥用量(kg/hm^2)；x_i 表示第 i 种作物规划期种植面积(hm^2)。

3. 约束条件

由于种植结构受国家、社会、自然资源等多方条件约束，因此本研究综合考虑土地、能源、水资源、粮食等因素，设定如下约束条件。

(1)种植面积约束。规划期的耕地面积不应小于基准期，各类农作物种植面积之和不应大于规划期耕地总面积。2018 年，山西省耕地总面积为 480.4 万 hm^2。

$$\sum_{i=1}^{6} x_i \leqslant 480.4$$

(2)水、能源约束。规划期的资源消耗量应不大于基准期的资源消耗量。

$$\sum_{i=1}^{6} \mathrm{WF}_{ci} x_i \leqslant \mathrm{WF}_c^0$$

$$\sum_{i=1}^{6} \mathrm{EC}_i x_i \leqslant \mathrm{EC}^0$$

式中，WF_{ci} 表示第 i 种作物规划期水足迹；WF_c^0 表示作物基准期水足迹；EC_i 表示第 i 种作物规划期能源消耗量；EC^0 表示作物基准期能源消耗量。

(3)粮食约束。规划期粮食生产总量应至少达到粮食生产的最低要求。根据《山西省人民政府关于印发山西省“十四五”农业现代化三大省级战略、十大产业集群培育及巩固拓展脱贫成果规划的通知》(晋政发〔2021〕27 号)，到 2025 年，粮食综合生产能力稳定在 1365 万 t 以上。

$$\sum_{i=1}^{6} Y_i x_i \geqslant 1365$$

式中，Y_i 表示第 i 种作物规划期单产 (kg/hm^2)。

(4)非负性。

$$x_i \geqslant 0, i = 1, 2, 3, \cdots, 6$$

6.2　山西省水-能-粮与农业种植结构情况

图 6-1 显示，山西省 2010 年至 2018 年间主要农作物多年平均单产水足迹存在较大差异，其中大豆的单产水足迹均值达到 8023.7 $\mathrm{m^3 \cdot t^{-1}}$，明显高于该区域内其他农作物，因此大豆被归为极高耗水作物。相比之下，谷子和油料的单产水足迹分别为 5343.2 $\mathrm{m^3 \cdot t^{-1}}$、5428.7 $\mathrm{m^3 \cdot t^{-1}}$，同样显示出较高的水资源消耗，故谷子和油料被归为高耗水作物范畴。

小麦单产水足迹为 4332.7 $m^3 \cdot t^{-1}$，处于中等水平，因此小麦被视作中等耗水作物。玉米单产水足迹相对较低，为 1582.5 $m^3 \cdot t^{-1}$，属于该区域低耗水作物。其中，最突出的是蔬菜，其单产水足迹仅为 337.6 $m^3 \cdot t^{-1}$，远低于该区域其他农作物，因此蔬菜被归为极低耗水作物。

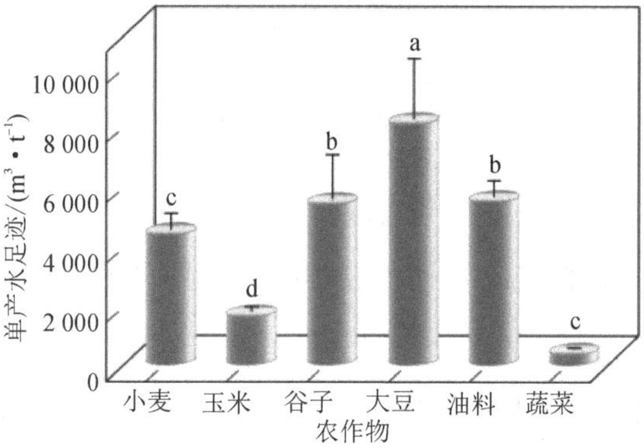

图 6-1　2010 — 2018 年山西省主要农作物单产水足迹

图 6-2 显示了山西省 2010 — 2018 年主要农作物总水足迹变化情况，山西省主要农作物年际总水足迹在 307 亿至 331 亿 m^3 之间波动，平均值稳定在 315.5 亿 m^3，变化幅度相对较小。其中，小麦和玉米水足迹占据总水足迹的 79.3%，成为山西省农作物水足迹的主要构成部分。通过进一步分析可以发现，玉米和蔬菜的水足迹呈现出波动上升的趋势，而谷子的水足迹则相对稳定，变化不大。与此同时，小麦、大豆和油料的水足迹呈现波动下降趋势。值得注意的是，这些农作物的水足迹变化规律与其种植面积的变化规律大体上是一致的。因此，调整作物的种植规模对于优化区域水资源配置具有重要的现实意义。

基于 2015 年山西省主要农作物的实际种植情况，本研究制定了针对 2020 年的种植规划（如表 6-1 所示）。数据显示，2015 年山西省主要农作物种植总面积达到了 308.7 万 hm^2。而根据规划分析，2020 年的种植面积预计为 299.7 万 hm^2，相较于 2015 年下降了 2.9 个百分点。将

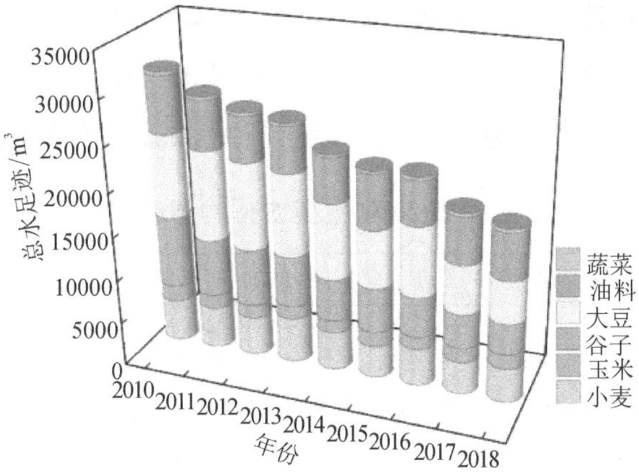

图 6 - 2　2010 — 2018 年山西省主要农作物总水足迹

2020 年规划值与实际值进行对比，可以发现两者误差较小，这充分证明了规划结果具有较高的准确性，并符合预期。因此，我们能够以 2020 年为基准，进一步规划 2025 年的种植结构（如表 6 - 2 所示）。

规划结果表明，在规划期（2025 年）内，山西省主要农作物种植面积及比例都将发生一定程度的调整。具体来说，基准期（2020 年）主要农作物种植总面积为 289.5 万 hm^2，而到了规划期（2025 年），种植面积预计将增加至 302 万 hm^2。在深入对比分析各类农作物的变化情况时，可以发现小麦和谷子的变化幅度最大，具体而言，小麦种植面积增加 8.1 万 hm^2，其占比也相应地提升了 1.93 个百分点；相反，谷子的种植面积则减少 3.1 万 hm^2，占比下降了 1.35 个百分点。油料作为高耗水高耗能作物，其种植面积缩减了 1.3 万 hm^2，占比下降了 0.58 个百分点。蔬菜作为极低耗水极低耗能作物，其种植面积增加了 1 万 hm^2，占比微升 0.07 个百分点。玉米作为低耗水低耗能作物，其种植面积增加了 3.9 万 hm^2，占比却下降了 1.2 个百分点。大豆属于高耗水极高耗能作物，其种植面积和比例均呈现增长态势。

总体而言，优化成果与《山西省“十四五”农业现代化三大省级战略、十大产业集群培育及巩固拓展脱贫成果规划》中提出的稳定粮食生产，适当扩大玉米种植面积的目标相契合，同时也积极响应了中华人民共和国农业农村部的扩大大豆玉米带状复合种植的政策导向。

表 6-1 山西省 2020 年主要农作物种植结构规划结果

作物	实际(2015 年)		规划(2020 年)		实际(2020 年)		变化比例/%		规划误差 C−B (2020 年)/%
	面积/万 hm^2	比例 A/%	面积/万 hm^2	比例 B/%	面积/万 hm^2	比例 C/%	规划 $B-A$ (2020 年)	实际 $C-A$ (2020 年)	
小麦	57.6	18.66	66.7	22.25	53.6	18.51	3.59	−0.15	−3.74
玉米	189.4	61.38	176.2	58.81	174.2	60.17	−2.57	−1.21	1.36
谷子	20.4	6.6	20.3	6.79	22.0	7.61	0.19	1.01	0.82
大豆	13.7	4.45	11.3	3.77	12.0	4.13	−0.68	−0.32	0.36
油料	11.0	3.57	7.5	2.49	8.8	3.05	−1.08	−0.52	0.56
蔬菜	16.5	5.35	17.7	5.89	18.9	6.53	0.54	1.18	0.64

表 6-2 山西省 2025 年主要农作物种植结构规划结果

作物	实际(2020 年)		规划(2025 年)		变化比例/%
	面积/万 hm^2	比例/%	面积/万 hm^2	比例/%	
小麦	53.6	18.51	61.7	20.44	1.93
玉米	174.2	60.17	178.1	58.97	−1.2
谷子	22.0	7.61	18.9	6.26	−1.35
大豆	12.0	4.13	15.9	5.25	1.12
油料	8.8	3.05	7.5	2.47	−0.58
蔬菜	18.9	6.53	19.9	6.60	0.07

6.3 山西省不同耗水与耗能作物分布规律与分布特征

不同区域农作物种植类型及空间分布特征受自然和人文经济等要素影响。本研究将山西省划分为五大区域：晋南区(运城市和临汾市)、晋东南区（长治市和晋城市）、晋中区（太原市、晋中市和阳泉市）、吕梁地区（吕梁市）和晋北区（忻州市、朔州市和大同市）。

依据山西省统计年鉴提供的数据，在 2010 年至 2018 年间，这些区域农作物的年均种植面积及其占比呈现出显著的差异性（见表 6－3）。中耗水中耗能的小麦主要分布于晋南区和晋东南区。这主要是由于山西省的小麦种植主要是以冬小麦为主，这些区域气候较适宜，地势平坦，特别是晋南区，大部分地区为一年两熟或两年三熟制，使得冬小麦与夏粮能够轮作种植，很大程度上增加了粮食的产量。

晋中区、晋北区及吕梁地区的气候和地形条件并不利于小麦的广泛种植。相比之下，低耗水且低耗能的玉米成了山西省各区域种植比例最高的作物，且各地区间的种植差异相对较小。这主要是由于玉米是一种旱地作物，低耗水低耗能且对温度的敏感程度较其他作物低。此外，玉米的种植过程高度适宜机械化操作，随着农业现代化步伐的加快，玉米种植对劳动力的依赖正逐渐减少。

另外，高耗水极高耗能的谷子，作为山西省的主要小杂粮之一，其产量仅次于玉米和小麦，且其耐寒、耐贫瘠、抗逆性强，地域优势十分明显。据研究，山西省内谷子种植适宜区由优到劣依次为晋东南区、晋南区、晋中区、吕梁地区、晋北区。但在本研究中，各区谷子的种植比例与适宜情况并不匹配，例如，尽管吕梁地区在谷子种植的适宜性排名中位列第四，但其种植比例却高居榜首。这一不匹配的现象，主要归因于各区域间地形地貌、种植传统、农业人口分布以及经济发展水平等多方面的显著差异。

极高耗水高耗能的大豆和高耗水高耗能的油料作物，在吕梁地区的种植比例反而最高。这主要是因为吕梁地区独特的地理环境——沟壑纵深，山地和半山地占全市面积的 92%，加上约 87%的耕地为旱地，中低产农田广泛分布，这些自然条件限制了大宗农作物的种植。该地区的农业结构还处于“小、散、弱”状态，农业生产仍以家庭为单位，规模化经营尚未形成，因此农作物种植类型相对分散。

相比之下，晋中区凭借其得天独厚的地形结构、适宜的气候条件、四通八达的交通网络以及地方政府的大力扶持，玉米和设施蔬菜的种植规模与效益远超其他地区。

表 6-3　山西省各区域 2010 — 2018 年主要农作物年均种植面积和比例

地区	耕地/(万 hm^2)	种植面积/(万 hm^2)						种植比例/%					
	面积	小麦	玉米	谷子	大豆	油料	蔬菜	小麦	玉米	谷子	大豆	油料	蔬菜
晋南区	101.21	54.69	50.92	1.48	2.00	2.18	7.56	42.2	39.3	1.1	1.5	1.7	5.8
晋东南区	56.29	6.24	29.08	2.25	3.49	0.49	2.49	13.4	62.3	4.8	7.5	1.1	5.3
晋中区	56.47	1.39	30.99	2.46	1.85	0.52	5.93	2.9	65.6	5.2	3.9	1.1	12.5
吕梁地区	51.34	0.50	16.85	3.71	4.71	2.71	1.02	1.3	43.2	9.5	12.1	6.9	2.6
晋北区	141.79	0.03	54.43	6.79	4.15	7.28	4.58	0	48.5	6.1	3.7	6.5	4.1

6.4　地形对山西省不同耗水与耗能作物分布的影响

表 6-4 表明，全省近 60％的耕地分布在海拔＞600～1200 m 区域，其次海拔＞1200～1800 m 区域分布了 27.1％的耕地。相比之下，海拔 0～600 m 的低洼地带，仅占全省耕地面积的 12.7％，海拔 1800 m 以上耕地占比微乎其微，仅为 0.4％。

晋南区近 95％的耕地分布在海拔 1200 m 以下。其余四区耕地主要分布在海拔＞600～1800 m 区域，且越往北海拔越高的地方，耕地占比越多，特别是晋北区，50％的耕地分布在海拔＞1200～1800 m 区域。

根据全球气候的分布特征，随着纬度的递增与海拔的抬升，气温呈现出递减的趋势，而无霜期也随之缩短。此外，依据山西省农业农村厅发布的《2021 年粮食作物生产技术指导意见》，山西省主要农作物适宜播种时间按照由南到北（晋南区、晋东南区、晋中区、吕梁地区和晋北区）的次序依次推迟约 5 日。由以上论述可知，山西省耕地中晋南区海拔

0～600 m 所分布耕地，气候条件最为优越，物候期也最长；相比之下，位于海拔 1200～1800 m 的晋北区耕地，则面临着更为严酷的气候挑战，物候期的短暂成了这里农业生产不可忽视的限制因素。

表 6-4　山西省各区域耕地海拔分级占比情况

海拔/m	全省/%	晋南区/%	晋东南区/%	晋中区/%	吕梁地区/%	晋北区/%
0～600	12.7	48.1	1.1	0.4	0	0
>600～1200	59.8	45.8	86.3	75.2	72.3	49.2
>1200～1800	27.1	6.1	12.6	24.4	27.2	50
>1800～2400	0.4	0	0.1	0	0.5	0.8

按照地形分布特征，中耗水中耗能的小麦种植区主要分布于晋南区和晋东南区海拔低于 1200 m 的平川和丘陵地带。

尽管山西全省均适合低耗水低耗能的玉米种植，但前人根据不同的气候资源（水平地带性、垂直地带性）把全省分为四大类型种植区，分别为春播特早熟区（晋北区）、春播早熟区（吕梁地区）、春播中晚熟区（晋中区）和夏播中早熟区（晋东南区和晋南区），且各区产量差异较大，其中晋北区单产最低。

高耗水极高耗能的谷子和极高耗水高耗能的大豆几乎遍布山西全省每个角落，但由于各地水热条件的显著差异，它们的品种和产量也展现出了较大的差异。同样，高耗水高耗能的油料作物在山西省内也广泛种植，但地域间的种植偏好却大相径庭：晋北区以胡麻、向日葵和油菜为主，晋中区和吕梁地区以向日葵、花生和芝麻为主，晋南区以油葵和油菜为主，晋东南区以油菜和花生为主。此外，极低耗水极低耗能的蔬菜产业主要分布于地域条件及水热条件较优越的盆地，从北到南依次是大同盆地（晋北区）、忻定盆地（晋北区）、晋中盆地（晋中区）、上党盆地（晋东南区）和晋南盆地（晋南区）。

第7章 山西省农业水贫困与粮食生产脆弱性

汾河流域为山西省乃至华北地区的重要农业生产区域，承载着丰富的农业资源和深厚的农耕文明。然而，随着自然条件的变迁和人类活动的加剧，该流域面临着日益严峻的农业水贫困和粮食生产脆弱性问题。这些问题不仅威胁着当地的农业可持续发展，也对区域粮食安全和生态环境构成了潜在风险。

汾河流域位于黄土高原东部，其地形复杂，沟壑纵横，植被覆盖率相对较低，蒸发量大，降水量少且不稳定。加之人口增加和工业化、城镇化进程的推进，农业用水需求不断增加，进一步加剧了水资源的供需矛盾。这些因素导致了流域内水资源的时空分布不均，使得部分地区水资源短缺，形成了“农业水贫困”现象。

与此同时，汾河流域的粮食生产也面临着脆弱性的挑战。由于水土流失、土壤肥力下降、灌溉条件恶化等问题的存在，汾河流域粮食生产的稳定性和产量都受到了严重影响。特别是在干旱、洪涝等自然灾害发生时，粮食生产的脆弱性表现得尤为突出。这种脆弱性不仅影响了农民的生计和收入，也对区域粮食市场的稳定和国家的粮食安全构成了潜在威胁。

因此，深入研究汾河流域的农业水贫困和粮食生产脆弱性问题，对于促进该流域的农业可持续发展、保障区域粮食安全和改善生态环境具有重要意义。本章旨在通过分析汾河流域的自然条件、人类活动以及农业生产的现状，探讨农业水贫困和粮食生产脆弱性的现状、影响和成因。

7.1　汾河流域农业水贫困与粮食生产脆弱性研究方法

7.1.1　评价指标体系

本研究采用熵权法、层次分析法及 D-S 证据理论，分别构建了农业水贫困与粮食生产脆弱性评价指标体系。具体见表 7-1 和表 7-2。

7.1.2　农业水贫困指数

根据以上方法计算的权重，计算农业水贫困指数，计算公式如下：

$$A_{WP} = \frac{w_r R + w_f F + w_a A + w_u U + w_e E}{w_r + w_f + w_a + w_u + w_e}$$

式中，A_{WP} 表示农业水贫困综合评价得分；R、F、A、U 和 E 分别表示资源、设施、能力、使用和环境子系统综合评价得分；w_r、w_f、w_a、w_u 和 w_e 分别代表层次分析法确定的各子系统权重。A_{WP} 值越大，表明水贫困程度越小。本研究计算得出汾河流域各县农业水贫困综合得分，并参考李长松等[①]的研究，使用 ArcGIS 10.8 自然断点分级法，将其划分为严重贫困区、较严重贫困区、中等贫困区、较低贫困区、低贫困区 5 个等级。

---

① 李长松，周玉玺. 中国粮食主产区农业水资源脆弱性与粮食安全时空耦合关系研究[J]. 生态与农村环境学报，2022，38(16)：722-732.

表 7-1 汾河流域农业水贫困评价指标体系

系统层	系统层权重	指标层	单位	熵权法权重	AHP权重	D-S综合权重	数据来源	缺失数据补齐
资源	0.2159	年降水量 X_1	mm	0.4879	0.4357	0.4238	水资源公报	—
		耕地亩均水资源占有量 X_2	m^3/hm^2	0.5121	0.5643	0.5762	水资源总量/耕地面积	—
设施	0.2512	节水灌溉类机械拥有量 X_3	10^4 台	0.8867	0.7231	0.9534	山西省统计年鉴	市级数据替代
		地均水库库容水平 X_4	$10^5\ m^3/hm^2$	0.1133	0.2769	0.0466	水库库容/土地面积	市级数据替代
能力	0.2394	节水灌溉率 X_5	%	0.0256	0.1269	0.0103	节水灌溉面积/耕地面积	—
		旱涝保收率 X_6	%	0.4879	0.3368	0.5213	山西省统计年鉴	市级数据替代
		水利设施投资率 X_7	%	0.0215	0.0735	0.0050	水利设施支出/财政支出	市级数据替代
		农村居民人均可支配收入 X_8	元	0.4008	0.3561	0.4528	山西省统计年鉴	—
		农业劳动力老龄化率* X_9	%	0.0310	0.0852	0.0084	山西省统计年鉴	市级数据替代
		高中及以上劳动力占比 X_{10}	%	0.0332	0.0215	0.0023	山西省统计年鉴	市级数据替代
使用	0.1651	有效灌溉率 X_{11}	%	0.5652	0.3856	0.4492	山西省统计年鉴	—
		万吨粮食产量均用水量 X_{12}	$10^8 m^3/10^4 t$	0.4349	0.6144	0.5508	山西省统计年鉴	—
环境	0.1284	农药施用强度 X_{13}	kg/hm^2	0.6789	0.5000	0.6789	山西省统计年鉴	部分年份数据均值法补齐
		化肥施用强度 X_{14}	kg/hm^2	0.3211	0.5000	0.3211	山西省统计年鉴	—

注：*标记的指标为负向指标，即数值越高，贫困程度越重。

表 7－2　汾河流域粮食生产脆弱性评价指标体系

系统层	系统层权重	指标层	单位	熵权法权重	AHP 权重	D－S 综合权重	数据来源	缺失数据补齐
暴露性	0.3333	单位粮食播种面积劳动力 Y_1	人/hm^2	0.1666	0.2219	0.1405	山西省统计年鉴	—
		单位粮食播种面积用水量 Y_2	m^3/hm^2	0.1496	0.2219	0.1262	山西省统计年鉴	—
		人均粮食播种面积 Y_3	hm^2	0.4057	0.2996	0.4620	山西省统计年鉴	—
		作物成灾率* Y_4	%	0.2781	0.2566	0.2713	受灾面积/成灾面积	市级数据替代
敏感性	0.3333	农业生产资料价格指数* Y_5	%	0.1145	0.1322	0.0487	山西省统计年鉴	市级数据替代
		粮食作物播种面积占比 Y_6	%	0.4253	0.3965	0.5424	山西省统计年鉴	—
		非农业产值比例 Y_7	%	0.1110	0.1571	0.0561	市统计年鉴	—
		人均粮食产量 Y_8	kg	0.3492	0.3142	0.3529	山西省统计年鉴	—
适应性	0.3334	粮食生产机械化水平 Y_9	kW/hm^2	0.2522	0.1935	0.2659	山西省统计年鉴	—
		粮食生产化肥施用强度 Y_{10}	kg/hm^2	0.1777	0.1780	0.1723	山西省统计年鉴	部分年份数据均值法补齐
		粮食生产农药施用强度 Y_{11}	kg/hm^2	0.1676	0.1780	0.1625	山西省统计年鉴	—
		有效灌溉率 Y_{12}	%	0.1090	0.2136	0.1268	山西省统计年鉴	—
		财政支农强度 Y_{13}	元/hm^2	0.2111	0.2369	0.2724	财政支农支出占财政总支出的比重	市级数据替代

注：* 标记的指标为负向指标，即数值越高，脆弱程度越重。

7.1.3 粮食生产脆弱性指数

根据以上权重计算粮食生产脆弱性指数，计算公式如下：

$$F_{\mathrm{PV}} = \frac{x_e E + x_s S + x_a A}{x_e + x_s + x_a}$$

式中，F_{PV} 表示粮食生产脆弱性综合评价得分；E、S 和 A 分别表示暴露性、敏感性和适应性子系统综合评价得分；x_e、x_s、x_a 分别代表层次分析法确定的各子系统权重。F_{PV} 值越大，表明该地区越不脆弱。本研究计算得出汾河流域各县粮食生产脆弱性综合得分，并参考李长松等①的研究，使用 ArcGIS 10.8 自然断点分级法将其划分为严重脆弱区、较严重脆弱区、中等脆弱区、较低脆弱区、低脆弱区 5 个等级。

7.1.4 耦合协调度模型

耦合协调度模型可以用来反映两种或者两种以上系统或者系统要素之间一种良性的相互关联。依据相关文献的计算方式，本研究计算得出汾河流域农业水贫困和粮食生产脆弱性耦合协调度综合得分，并参考李长松等①的研究，使用 ArcGIS 10.8 自然断点分级法将其划分为低度耦合区、较低耦合区、中等耦合区、较高耦合区、高度耦合区 5 个等级。

7.1.5 地理探测器

地理探测器是一种用于探测地理要素的空间分异性及背后驱动力的统计学方法，地理探测器 q 统计量可用以度量空间分异性、探测解释因子、分析变量之间的交互关系。地理探测器主要包括因子探测、风险探测、生态探测和交互探测四个探测器。本研究利用因子探测和交互探

---

① 李长松，周玉玺. 中国粮食生产区农业水资源脆弱性与粮食安全时空耦合关系研究[J]. 生态与农村环境学报，2022，38(16)：722－732.

测分析农业水贫困和粮食生产脆弱性耦合协调度模型背后的驱动因子的作用规律。

7.1.6 数据统计分析

本研究采用 Origin 2021、R 语言对数据进行统计分析，采用单因素方差分析（one-way ANOVA）检验各区域不同年度（数据后小写字母）农业水贫困、粮食生产脆弱性、二者耦合协调度及区域间（数据后大写字母）的差异显著性（邓肯法，$P=0.05$）。

7.2 汾河流域农业水贫困与粮食生产脆弱性情况

7.2.1 汾河流域农业水贫困时空演变特征

2007—2021 年，汾河流域农业水贫困指数总体呈现出波动上升的态势（见表 7-3），反映出汾河流域农业水贫困状况的整体显著改善。该指数年均增长率达到了 0.0021，贫困等级从 2007 年的较严重贫困提升到了 2021 年的较低贫困，显出积极的发展态势。上游区域的农业水贫困指数年均增长率为 0.0015，贫困等级虽由 2007 年的严重贫困上调至 2021 年的较严重贫困，但其变化幅度较小；中游区域发展较好，年均增长率达到了 0.0018，贫困等级提升为中等水平；下游区域发展良好，年均增长率高达 0.0031，贫困等级提升为低贫困。总体来看，下游区域的增长幅度最为突出，中游次之，上游则相对最小。2007—2009 年，上游、中游和下游区域的指数均经历了一定程度的起伏；而 2010—2021 年，各区域的指数则均呈现出稳步上升的趋势。多年来，农业水贫困指数在下游、中游和上游之间始终保持着明显的差异，且呈现出下游＞中游＞上游的格局。

表 7－3　2007—2021 年汾河流域农业水贫困演变特征

年份	上游区		中游区		下游区		全流域	
2007	0.323±0.050	a	0.341±0.028	c	0.374±0.034	bc	0.350±0.037	c
2008	0.335±0.067	a	0.359±0.042	abc	0.360±0.023	c	0.356±0.041	bc
2009	0.324±0.053	a	0.348±0.036	bc	0.359±0.028	c	0.349±0.036	c
2010	0.325±0.045	a	0.347±0.034	bc	0.373±0.041	bc	0.353±0.040	c
2011	0.329±0.045	a	0.349±0.030	bc	0.381±0.026	abc	0.357±0.035	bc
2012	0.330±0.050	a	0.350±0.033	bc	0.377±0.039	bc	0.356±0.040	bc
2013	0.333±0.051	a	0.350±0.032	bc	0.382±0.037	abc	0.358±0.039	bc
2014	0.333±0.048	a	0.352±0.030	bc	0.391±0.032	abc	0.362±0.039	bc
2015	0.336±0.048	a	0.357±0.033	abc	0.388±0.043	abc	0.364±0.041	bc
2016	0.338±0.048	a	0.359±0.031	abc	0.394±0.041	ab	0.368±0.041	abc
2017	0.337±0.048	a	0.360±0.030	abc	0.394±0.038	ab	0.368±0.039	abc
2018	0.335±0.046	a	0.358±0.029	abc	0.391±0.037	abc	0.366±0.038	abc
2019	0.344±0.046	a	0.368±0.030	ab	0.401±0.039	ab	0.376±0.039	ab
2020	0.344±0.042	a	0.368±0.028	ab	0.403±0.038	ab	0.376±0.038	ab
2021	0.349±0.043	a	0.375±0.028	a	0.412±0.036	a	0.384±0.038	a
均值	0.334±0.007	C	0.356±0.009	B	0.385±0.015	A	0.363±0.040	—

为研究汾河流域农业水贫困的空间分布情况，本研究选取 2007 年、2014 年和 2021 年这三个时间点，计算全局莫兰指数(Global Moran's I)。研究结果显示，全局莫兰指数分别为 0.327、0.376 和 0.362，且均通过了 10%显著性水平下的假设检验，表明汾河流域各县之间的农业水贫困存在着显著的空间正相关关系，即呈现出明显聚集现象。同时，这种聚集现象先密集后又有所分散。

为直观地展示汾河流域农业水贫困的空间分布，本研究采用自然断点分级法对汾河流域进行分级(见表 7－4)。

表 7-4　汾河流域农业水贫困的时空格局

指标	2007 年			2014 年			2021 年		
地区	上游区	中游区	下游区	上游区	中游区	下游区	上游区	中游区	下游区
县区数量	5	22	13	5	22	13	5	22	13
严重贫困县数	3	5	1	3	5	0	3	1	0
较严重贫困县数	0	12	4	0	10	2	0	5	0
中等贫困县数	1	3	2	1	2	6	0	7	2
较低贫困县数	1	2	4	1	5	0	2	7	6
低贫困县数	0	0	2	0	0	5	0	2	5

从表 7-4 中可以看出，汾河流域的农业水贫困总体上呈现出以“北低南高”为主，辅以“西低东高”的分布格局。从区域划分来看，上游区域主要以低等级区为主，农业水贫困现象相对严重；中游区域则以中等级区为主，农业水贫困现象处于中等水平；下游区域则以高等级区为主，农业水贫困现状相对最优。同时，汾河流域的西部区域农业水贫困现象也较为严重，而东部区域则相对较轻。

7.2.2　汾河流域粮食生产脆弱性时空演变特征

2007—2021 年，汾河流域的粮食生产脆弱性总体上呈现出相对稳定的态势(见表 7-5)，尽管某些年份出现了小幅波动，但其脆弱等级并未发生显著变化。就各分区而言，粮食生产脆弱性指数的变化不甚明显，然而各区的脆弱等级却经历了一定程度的调整。上游区域从 2007 年的严重脆弱状态提升至 2021 年的较严重脆弱状态；中游区域由 2007 年的中等脆弱状态下降至 2021 年的较严重脆弱状态；下游区域则经历了从 2007 年的较低脆弱状态先上升至 2014 年的低脆弱状态，随后又回落到 2021 年的较低脆弱状态。

研究期间，汾河流域的粮食生产脆弱性指数虽然有所起伏，但始终保持着一种明显的区域差异格局，即下游区域的脆弱性指数最高，中游区域次之，上游区域最低，这一差异在整个研究期间均保持显著。

表 7-5　汾河流域粮食生产脆弱性演变特征

年份	上游区		中游区		下游区		全流域	
2007	0.347±0.040	a	0.383±0.027	ab	0.417±0.021	abcd	0.390±0.034	abcd
2008	0.343±0.038	a	0.381±0.027	abc	0.418±0.018	abcd	0.388±0.035	abcd
2009	0.328±0.037	a	0.366±0.027	bc	0.399±0.019	d	0.372±0.034	d
2010	0.335±0.039	a	0.373±0.026	abc	0.408±0.022	bcd	0.380±0.035	bcd
2011	0.344±0.038	a	0.379±0.026	abc	0.418±0.022	abcd	0.387±0.036	abcd
2012	0.348±0.038	a	0.382±0.025	abc	0.425±0.026	ab	0.391±0.037	ab
2013	0.359±0.039	a	0.391±0.025	a	0.433±0.024	a	0.401±0.036	a
2014	0.354±0.038	a	0.380±0.026	abc	0.429±0.023	a	0.393±0.037	ab
2015	0.352±0.040	a	0.379±0.027	abc	0.426±0.024	ab	0.391±0.037	abc
2016	0.358±0.043	a	0.387±0.023	a	0.429±0.023	a	0.397±0.035	ab
2017	0.350±0.039	a	0.380±0.026	abc	0.419±0.019	abcd	0.389±0.034	abcd
2018	0.334±0.042	a	0.363±0.025	c	0.404±0.019	cd	0.373±0.035	cd
2019	0.359±0.036	a	0.382±0.030	abc	0.430±0.022	a	0.395±0.038	ab
2020	0.355±0.039	a	0.380±0.032	abc	0.422±0.022	abc	0.391±0.037	abcd
2021	0.351±0.034	a	0.377±0.031	abc	0.417±0.021	abcd	0.386±0.036	abcd
均值	0.348±0.009	C	0.379±0.007	B	0.419±0.010	A	0.388±0.036	—

为了深入研究汾河流域粮食生产脆弱性的空间分布情况，本研究选取 2007 年、2014 年和 2021 年这三个时间点，计算了全局莫兰指数。研究结果显示，全局莫兰指数分别为 0.569、0.713 和 0.541，且 *P* 值均低于 10% 的显著性水平，表明汾河流域各县之间的粮食生产脆弱性存在着显著的空间正相关关系，呈现出聚集现象。同时，这种聚集现象先表现出密集的趋势，随后又有所分散。

本研究采用自然断点分级法，对汾河流域粮食生产脆弱性进行分级（见表 7-6）。从表 7-6 中可以看出，汾河流域粮食生产脆弱性在空间上主要呈现出以“北低南高”为主且辅以“西低东高”的分布格局。2007—2021 年，汾河流域的粮食生产脆弱性虽然有所增长，但涨势微弱且伴随着起伏，部分县甚至出现了倒退的现象。

总体来说，汾河流域上游区域的粮食生产脆弱性现象较为严重，中游区域次之，而下游区域则相对最优。从流域的东、西部来看，西部地区的脆弱性指数相对较差，而东部地区则表现较好。同时，不同程度脆弱性的地区在空间上存在着明显的集聚现象。另外，位于中游区的太原市在这一集聚现象中表现出了最低的集聚程度，且其辖区内的差异也尤为明显。

表 7-6　汾河流域粮食生产脆弱性的时空格局

指标	2007 年			2014 年			2021 年		
地区	上游区	中游区	下游区	上游区	中游区	下游区	上游区	中游区	下游区
县区数量	5	22	13	5	22	13	5	22	13
严重脆弱县数	2	3	0	2	3	0	2	5	0
较严重脆弱县数	2	5	0	1	6	0	2	5	0
中等脆弱县数	1	5	4	2	7	1	1	8	4
较低脆弱县数	0	9	3	0	6	4	0	3	3
低脆弱县数	0	0	6	0	0	8	0	1	6

7.2.3　汾河流域农业水贫困与粮食生产脆弱性耦合协调度时空演变特征

为了深入探究汾河流域农业水贫困状况与粮食生产脆弱性之间的内在联系，本研究计算了 2007—2021 年两者的耦合协调度（详见表 7-7）。研究结果显示，汾河流域的农业水贫困与粮食生产脆弱性的耦合协调度总体上保持了相对稳定的态势，未出现明显波动，仅在个别年份出现了小幅度的变化。协调等级最初是中等耦合水平，然后有所下降，达到较低耦合状态，但随后又回升至中等耦合水平。

从各区域来看，耦合协调度变化较小，但展现出了明显的差异与变迁。上游区域从 2007 年的较低耦合等级提升到了 2021 年的中等耦合等级；中游区域则从 2007 年的中等耦合等级跃升至 2021 年的较高耦合等级;下游区域更是从 2007 年的较高耦合等级攀升至 2021 年的高度耦合等级。这显示出下游区域的耦合协调度最为优越,中游区域紧随其后,上游区域则相对较弱。

表 7-7　汾河流域农业水贫困与粮食生产脆弱性耦合协调度演变特征

年份	上游区		中游区		下游区		全流域	
2007	0.577±0.034	a	0.601±0.014	bcde	0.628±0.021	abc	0.607±0.025	abc
2008	0.58±0.039	a	0.607±0.016	abcde	0.623±0.015	bc	0.609±0.023	abc
2009	0.57±0.034	a	0.596±0.014	e	0.615±0.018	c	0.599±0.023	c
2010	0.573±0.031	a	0.599±0.013	de	0.624±0.023	abc	0.604±0.025	bc
2011	0.579±0.03	a	0.602±0.014	abcde	0.631±0.017	abc	0.609±0.024	abc
2012	0.581±0.033	a	0.604±0.014	abcde	0.632±0.025	abc	0.61±0.027	abc
2013	0.587±0.033	a	0.607±0.013	abcd	0.637±0.023	ab	0.615±0.026	ab
2014	0.585±0.032	a	0.604±0.015	abcde	0.639±0.02	ab	0.613±0.027	ab
2015	0.585±0.033	a	0.606±0.016	abcde	0.637±0.025	ab	0.613±0.028	ab
2016	0.588±0.035	a	0.61±0.016	abc	0.641±0.024	ab	0.617±0.028	a
2017	0.585±0.033	a	0.608±0.016	abcd	0.637±0.02	ab	0.614±0.026	ab
2018	0.577±0.034	a	0.6±0.016	cde	0.63±0.019	abc	0.607±0.026	abc
2019	0.592±0.03	a	0.612±0.016	a	0.644±0.022	a	0.62±0.026	a
2020	0.59±0.028	a	0.611±0.015	ab	0.641±0.022	ab	0.618±0.026	a
2021	0.591±0.029	a	0.612±0.016	a	0.643±0.019	a	0.62±0.026	a
均值	0.583±0.007	C	0.605±0.005	B	0.633±0.008	A	0.612±0.026	—

为了深入探究汾河流域农业水贫困与粮食生产脆弱性之间的耦合协调度空间相关性,本研究选取了 2007 年、2014 年及 2021 年这三个时间点,计算了全局莫兰指数。研究结果显示,全局莫兰指数分别为 0.379、0.457 和 0.452,且其 *P* 值均远低于 10%的显著性水平,表明汾河流域各县之间在农业水贫困与粮食生产脆弱性耦合协调度上存在着显著的空间正相关关系。同时,汾河流域存在明显的空间聚集现象,其聚集程度呈现出先增强后略有减弱的趋势。

本研究采用自然断点分级法,对汾河流域农业水贫困与粮食生产脆弱性耦合协调度进行分级(见表 7－8)。从表 7－8 中可以看出,汾河流域的耦合协调水平整体偏低,且呈现出以"北低南高"为主导,同时辅以"西低东高"的分布格局。汾河流域北部地区的耦合协调度相对较低,而南部地区则相对较高;西部地区相较于东部地区,其耦合协调度也显得较为逊色。

2007—2021 年,汾河流域的耦合协调等级呈现出稳步增长的态势,部分原本处于低等级的地区已经成功跃升至高等级。然而,从空间格局上来看,汾河流域上游地区的耦合协调度依然较为薄弱,中游地区次之,而下游地区则表现出了相对较好的协调状态。同时,汾河流域西部地区与东部地区在耦合协调度上也存在着较为明显的差异。

表 7－8　汾河流域农业水贫困与粮食生产脆弱性耦合协调度的空间分布格局

指标	2007 年			2014 年			2021 年		
地区	上游区	中游区	下游区	上游区	中游区	下游区	上游区	中游区	下游区
县区数量	5	22	13	5	22	13	5	22	13
低度耦合县数	2	0	0	2	0	0	2	0	0
较低耦合县数	1	9	1	1	9	0	1	5	0
中等耦合县数	2	11	4	1	9	3	1	9	3
较高耦合县数	0	2	4	1	4	3	1	8	3
高度耦合县数	0	0	4	0	0	7	0	0	7

7.3　汾河流域农业水贫困与粮食生产脆弱性驱动因素

为了深入探究汾河流域农业水贫困与粮食生产脆弱性耦合协调度的主要影响因素,本研究采用地理探测器进行详细的探测分析(见图 7－1)。研究结果表明,影响耦合协调度的主导因子按照其影响力从高到低依次为单位粮食播种面积用水量(Y_2)、粮食生产农药施用强度(Y_{11})、粮食生产机械化水平(Y_9)、粮食作物播种面积占比(Y_6)、耕地亩均水资源占有量(X_2)、粮食生产化肥施用强度(Y_{10})、万吨粮食产量均用水量(X_{12})。

基于上述主导因子的分析，适应性因素（粮食生产机械化水平 Y_9、粮食生产化肥施用强度 Y_{10} 和粮食生产农药施用强度 Y_{11}）、暴露性因素（单位粮食播种面积用水量 Y_2）、敏感性因素（粮食作物播种面积占比 Y_6）、资源因素（耕地亩均水资源占有量 X_2）以及使用因素（万吨粮食产量均用水量 X_{12}）在耦合协调性空间分异中发挥着主导作用。这表明在汾河流域的粮食生产过程中，水资源既是重要的制约因子，也具有一定的暴露性。合理利用水资源能够显著提升粮食产量，而利用不当则可能暴露出问题，导致粮食产量降低。同时，敏感性因素作为粮食生产的基础，足够的粮食作物播种面积对于保障粮食生产至关重要。此外，适应性因素也显示出其重要性。合理的机械、化肥和农药投入能够有效提高粮食产量。因此，改善各主导因子，如提高水资源利用效率、优化粮食作物播种面积、提升粮食生产机械化水平以及合理控制化肥和农药的施用强度等，都有利于农业水贫困和粮食生产脆弱性耦合协调度的提高。

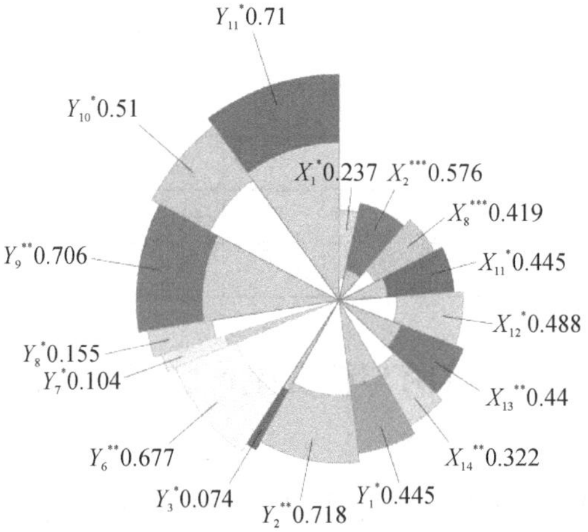

图 7－1 驱动因子 q 值图

注：* 表示 $p \leqslant 0.05$，** 表示 $p \leqslant 0.01$，*** 表示 $p \leqslant 0.001$。

由于汾河流域农业水贫困和粮食生产脆弱性耦合协调度存在复杂性与规律性，其空间分异也受到多因子交互影响，因此，本研究通过地理探测器驱动因子交互探测不同因子间相互关系(见图 7－2)。研究结果表明,汾河流域农业水贫困和粮食生产脆弱性耦合协调度的空间差异受到不同因子相互作用的影响,农药施用强度 X_{13} 与粮食作物播种面积占比 Y_6 解释力达到 0.886,作用程度最大,接着为化肥施用强度 X_{14} 与单位粮食播种面积用水量 Y_2 为 0.879、年降水量 X_1 与财政支农强度 Y_{13} 为 0.868、化肥施用强度 X_{14} 与粮食作物播种面积占比 Y_6 为 0.863。这表明,需要根据粮食作物播种面积精准定量农药使用、化肥使用、用水量等,同时资金投入可以在一定程度上弥补降水量的不足。总而言之,科学种植有利于提升汾河流域农业水贫困和粮食生产脆弱性的耦合协调度,实现粮食生产的可持续发展。

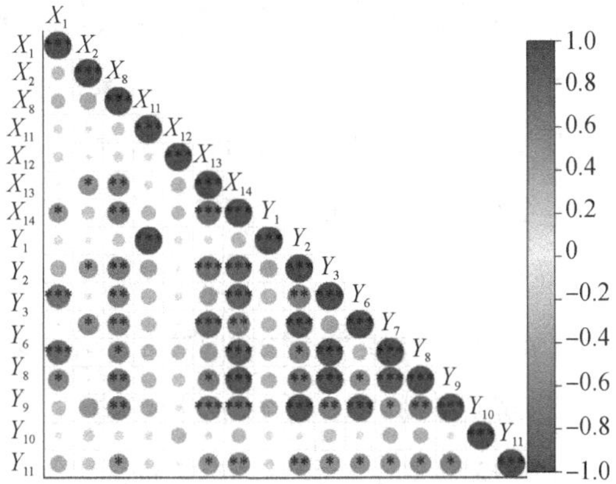

图 7－2　耦合协调度驱动因子交互探测图

注:* 表示 $p \leqslant 0.05$,** 表示 $p \leqslant 0.01$,*** 表示 $p \leqslant 0.001$。

第8章　汾河流域农业资源可持续利用评价

汾河，作为山西省境内最大的河流，宛如一条生命之带，蜿蜒流淌，其流域广泛覆盖了山西省内的多个重要城市和富饶的农业产区。这里不仅自然资源丰富，更因其独特的地理位置和气候条件，成为中国北方不可或缺的粮食生产基地之一。汾河流域的水资源充沛，滋养了广袤的农田，使得这片土地肥沃而富有生机，孕育了多样的生态系统，为山西省乃至全国的农业发展作出了巨大贡献。

然而，在享受汾河流域带来的丰饶之时，我们也必须正视其农业生产所面临的问题。随着全球气候变化的加剧，汾河流域的降水模式发生了显著变化，干旱与洪涝灾害频发，对农业生产构成了严峻挑战。同时，人口的增长和经济的快速发展，使得水资源的需求急剧增加，农业用水与工业、生活用水之间的矛盾日益突出。此外，不合理的农业耕作方式和过度的资源开采，也导致了土壤退化、生态环境恶化等问题，进一步威胁到了农业资源的可持续利用。

因此，如何在气候变化、人口增长和经济发展的多重压力下，实现汾河流域农业资源的可持续利用，保护生态环境，确保粮食生产安全，成为当前亟待解决的重要课题。这不仅关乎山西省的农业发展和生态安全，更对黄河流域乃至全国的可持续发展具有深远影响。

本研究以汾河流域40个县（市、区）为研究对象，建立了汾河流域农业资源可持续利用指标体系（见表8－1），研究数据来源于2011—2022

年山西省及各市(忻州、吕梁、太原、晋中、临汾、运城)的统计年鉴。

表 8－1　汾河流域农业资源可持续利用指标体系

目标层	准则层	指标层	单位	属性
汾河流域农业资源可持续利用评价	农业生态可持续性	年降水量 X_1	亿立方米	正向
		地表水资源量 X_2	亿立方米	正向
		地下水资源量 X_3	亿立方米	正向
		水资源总量 X_4	亿立方米	正向
		农业用水量 X_5	亿立方米	负向
		耕地灌溉亩均用水量 X_6	立方米/亩	负向
		农村居民人均用水量 X_7	升/天	负向
		万元 GDP 用水量 X_8	立方米/万元	负向
		有效灌溉面积 X_9	千公顷	正向
		粮食播种面积单产 X_{10}	千克/公顷	正向
	农业经济可持续性	人均粮食产量 X_{11}	千克	正向
		农业生产总值 X_{12}	万元	正向
		农村居民人均可支配收入 X_{13}	元	正向
	农业社会可持续性	化肥施用量 X_{14}	吨	负向
		塑料薄膜使用量 X_{15}	吨	负向
		农药使用量 X_{16}	吨	负向
		农业机械拥有量 X_{17}	台	正向
		农村用电量 X_{18}	万千瓦时	正向

8.1　汾河流域农业资源可持续利用综合评价

利用熵值法可以测算出 2011—2021 年汾河流域农业资源可持续利用水平综合评分，从表 8－2 可以看出，汾河流域农业资源可持续利用水平总体上有较大提高，呈现出上升的趋势，综合评分从 2011 年的 0.0754 上升到 2021 年的 0.1893，上升了 0.1139，年均增长率达到了 9.64%。从各一级指标来看，生态因素、经济因素和社会因素的可持续性也均呈上升趋势。经济资源可持续性的年均增长率最高，为 30.34%，其次为生态资源可持续性(12.16%)，最低的为社会资源可持续性，仅为 5.22%。三者相比较可知，汾河流域的农业社会资源的可持续利用水平总体上变化不显著，较为缓慢。

表 8-2　汾河流域农业资源可持续利用一级指标得分情况

年份	一级指标			综合评分
	生态可持续性	经济可持续性	社会可持续性	
2011	0.0321	0.0013	0.0421	0.0754
2012	0.0268	0.0056	0.0291	0.0615
2013	0.0466	0.0085	0.0280	0.0831
2014	0.0459	0.0124	0.0237	0.0821
2015	0.0226	0.0084	0.0267	0.0578
2016	0.0420	0.0124	0.0260	0.0803
2017	0.0526	0.0124	0.0231	0.0882
2018	0.0449	0.0138	0.0335	0.0923
2019	0.0259	0.0106	0.0407	0.0773
2020	0.0520	0.0159	0.0448	0.1127
2021	0.1009	0.0184	0.0700	0.1893
均值	0.0448	0.0109	0.0353	0.0909
标准差	0.0205	0.0046	0.0132	0.0341
年均增长率/%	12.16	30.34	5.22	9.64

具体分析各一级指标，三者间的得分变化差异显著。从生态可持续性来看，虽波动起伏较大，但上升趋势较快，总体从 2011 年的 0.0321 提高到 2021 年的 0.1009，提高了 0.0688。2012 年（0.0268）、2015 年（0.0226）和 2019 年（0.0259）的得分较低，其中，2012 年有效灌溉面积最少为 916.75 公顷，2015 年粮食播种面积单产最低为 4316.85 千克/公顷，2019 年降水量及水资源总量最少，与 2021 年相比分别少 116.39 亿立方米和 23.64 亿立方米。从经济可持续性来看，其处于稳步增加的趋势，虽整体得分与其他两个指标相比较低，但年均增长率最高。2011—2021 年，经济可持续性得分增加了 0.0171，2021 年的得分情况约为 2011 年的 14 倍，得分变化显著。这主要体现在人均粮食产量、农业生产总值以及农村居民可支配收入分别由 388.06 千克、4820600 万元、

6137.5 元增加至 408.06 千克、9288477 万元、15204.3 元。从社会可持续性来看，得分情况先降后升，年均增长率最低，以 2011 年得分为标准来看，2012—2019 年整体处于下降趋势，2020 年之后呈正常增长趋势，2011—2021 年累计增加了 0.0279。这是由于汾河流域农业社会资源的利用率提高，其中，负向指标中化肥施用量、农药使用量及塑料薄膜使用量均呈下降趋势，而农业用电量在 2021 年达到最高值，为 1095008 万千瓦时，且农业机械拥有量也呈上升趋势。

8.2　汾河流域农业资源可持续利用因素分析

本研究根据熵权 TOPSIS 法计算各一级指标的相对接近度，进而分析各指标对汾河流域农业资源可持续利用水平的促进程度，结果如表 8-3 所示。从表 8-3 中可以看出，汾河流域农业资源可持续利用水平的相对接近度总体上呈现出“缓慢下降—缓慢上升—快速上升”的变化趋势，相对接近度由 2011 年的 0.3868 上升至 2021 年的 0.6836，年均增幅为 5.86%。从各一级指标来看，生态可持续性和经济可持续性指标整体上对汾河流域农业资源可持续利用发展产生波动性的影响，从 2011—2015 年，生态可持续性与经济可持续性指标距离最优路径越来越远，对汾河流域农业资源可持续利用的优化程度较差，但从 2016—2021 年，生态和经济可持续性指标的相对接近度快速回升，优化程度大大提高。值得注意的是，2019 年汾河流域生态和经济可持续性指标的相对接近度同时出现短暂跌落，这与该年疫情暴发，经济低迷有关。总体上看，生态可持续性和经济可持续性指标对于提高汾河流域农业资源可持续利用水平具有一定的反复性，因此要具有持续稳定的生态环境状况，且保持健康的经济环境。另外，社会可持续性指标的相对接近度较生态和经济指标平稳，除在 2017 年出现明显下降外，2011—2021 年处于缓慢上升的状态，相对接近度仅增加 0.1513，对汾河流域农业资源可持续利用的优化程度也较低。

表 8-3 汾河流域农业资源可持续利用一级指标的相对接近度 C

年份	一级指标			综合水平	
	生态可持续性	经济可持续性	社会可持续性	综合水平	排序结果
2011	0.3391	0.0840	0.4583	0.3868	9
2012	0.2845	0.2656	0.3602	0.3226	11
2013	0.4235	0.3764	0.3681	0.3891	8
2014	0.4222	0.5171	0.3651	0.3983	6
2015	0.2835	0.3682	0.3882	0.3486	10
2016	0.4152	0.5355	0.3871	0.4074	5
2017	0.4957	0.5492	0.2769	0.3981	7
2018	0.4384	0.6176	0.4012	0.4317	3
2019	0.3292	0.5024	0.4588	0.4089	4
2020	0.4821	0.6954	0.4870	0.4997	2
2021	0.8047	0.7400	0.6096	0.6836	1
均值(E)	0.4289	0.4774	0.4146	0.4250	
标准差(S)	0.1378	0.1831	0.0827	0.0923	

为进一步研究汾河流域农业资源各一级指标的可持续利用情况，在此运用标准差分级法对各一级指标的相对接近度进行分级，见表 8-4。其中，令 E 为 C 的均值，S 为 C 的标准差。当 $0<C\leqslant E-S$ 时，属于低水平；当 $E-S<C\leqslant E$ 时，属于中水平；当 $E<C\leqslant E+S$ 时，属于较高水平；当 $E+S<C\leqslant 1$ 时，属于高水平。

结合表 8-3、表 8-4 可知，2011—2021 年经济可持续性指标的相对接近度处于较高水平及以上的比例达到 63.6%，整体水平较高，且近年来呈现出持续上升的态势，这意味着汾河流域农业经济资源较好；而生态可持续性指标和社会可持续性指标仅为 36.4%，整体水平较低且发展趋势波动性较大。但从整体来看，汾河流域农业资源可持续利用的综合水平大致维持在中水平这一级别，且自 2018 年起，开始缓慢提高，逐渐向高水平级别发展。可见，汾河流域农业资源可持续利用水平正处于整体向好的态势。

表 8－4　汾河流域农业资源可持续利用一级指标分级

一级指标	低水平	中水平	较高水平	高水平
生态可持续	(0,0.2911]	(0.2911,0.4289]	(0.4289,0.5667]	(0.5667,1]
经济可持续	(0,0.2943]	(0.2943,0.4774]	(0.4774,0.6605]	(0.6605,1]
社会可持续	(0,0.3318]	(0.3318,0.4146]	(0.4146,0.4973]	(0.4973,1]
综合	(0,0.3327]	(0.3327,0.4250]	(0.4250,0.5172]	(0.5172,1]

8.3　汾河流域农业资源障碍因子分析

本研究根据障碍度模型，计算得到汾河流域农业资源 2011—2021 年各一级指标的障碍度，如表 8－5 所示。

表 8－5　汾河流域农业生态资源、经济资源、社会资源可持续利用障碍度

年份	生态资源可持续利用障碍度	经济资源可持续利用障碍度	社会资源可持续利用障碍度
2011	51.56%	16.77%	31.67%
2012	50.82%	12.45%	36.73%
2013	44.78%	11.85%	43.37%
2014	44.69%	8.63%	46.68%
2015	51.89%	10.65%	37.46%
2016	47.34%	8.71%	43.95%
2017	41.59%	9.00%	49.41%
2018	48.06%	8.03%	43.91%
2019	55.13%	10.09%	34.78%
2020	50.74%	7.12%	42.14%
2021	28.46%	11.11%	60.43%

结合表 8-5 及图 8-1 来看，2011—2021 年，汾河流域农业生态资源、农业经济资源、农业社会资源可持续利用作为障碍因子，对汾河流域农业资源的制约程度有着不同的变化趋势。农业生态资源可持续利用的障碍度从 2011 年的 51.56%下降到 2021 年的 28.46%，农业经济资源可持续利用障碍度从 2011 年的 16.77%下降到 2021 年的 11.11%，而农业社会资源可持续利用障碍度从 2011 年的 31.67%增加到 2021 年的 60.43%。这与上文熵权 TOPSIS 法的结果一致，农业社会资源对汾河流域农业资源的可持续利用贡献较差，阻碍程度较大。从图 8-1 中可以清楚地看到，总体上，经济资源较生态和社会资源的障碍度低，一直处于 20%以下；生态资源的障碍度为三者最高，但整体呈现下降趋势；社会资源障碍度呈现波动上升趋势，尤其在 2019 年之后，上升幅度较大，逐渐成为阻碍汾河流域农业资源可持续利用的主要障碍因子。

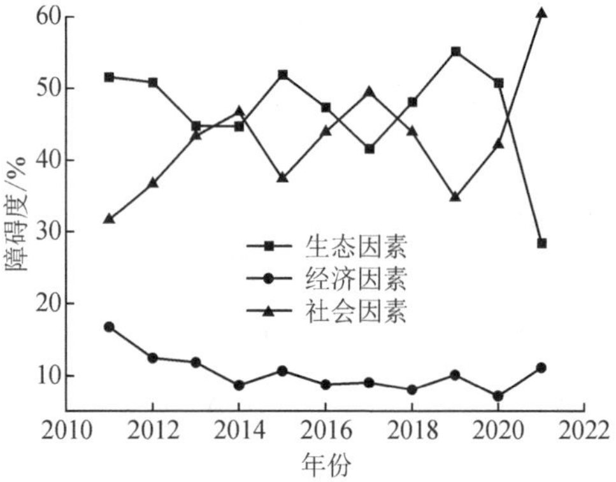

图 8-1　汾河流域农业资源生态、经济、社会因素障碍度变化图

根据障碍度模型计算得到，2011—2021 年汾河流域农业资源各个指标的障碍度各不相同。为了更方便地具体分析其主要障碍因子，对此进行排序，得到各个年份的前 10 位障碍因子，见表 8-6。

表 8 - 6 汾河流域农业资源可持续利用主要障碍因子及障碍度

年份	障碍因子、障碍度	排名									
		1	2	3	4	5	6	7	8	9	10
2011	障碍因子	X_{18}	X_{16}	X_8	X_4	X_{13}	X_9	X_2	X_{14}	X_{17}	X_{10}
	障碍度	9.68%	9.59%	8.32%	7.99%	7.72%	7.60%	7.54%	6.86%	5.53%	5.30%
2012	障碍因子	X_{16}	X_4	X_{14}	X_{18}	X_2	X_9	X_{13}	X_8	X_1	X_3
	障碍度	11.70%	9.31%	8.83%	7.93%	7.47%	7.17%	6.70%	6.34%	5.68%	5.54%
2013	障碍因子	X_{16}	X_{14}	X_{18}	X_4	X_8	X_{13}	X_2	X_{15}	X_9	X_1
	障碍度	15.06%	11.29%	8.37%	8.03%	7.28%	6.93%	6.62%	6.43%	5.81%	4.23%
2014	障碍因子	X_{16}	X_{14}	X_4	X_{15}	X_{18}	X_2	X_8	X_{13}	X_1	X_9
	障碍度	16.61%	10.52%	10.09%	9.47%	9.23%	9.11%	6.30%	6.30%	5.29%	4.98%
2015	障碍因子	X_{16}	X_4	X_2	X_{14}	X_{18}	X_{15}	X_1	X_8	X_3	X_{13}
	障碍度	14.01%	10.53%	8.95%	8.28%	7.78%	7.40%	7.31%	6.45%	5.37%	4.79%
2016	障碍因子	X_{16}	X_{15}	X_{14}	X_{18}	X_4	X_8	X_2	X_5	X_{13}	X_3
	障碍度	15.68%	10.01%	9.30%	8.97%	8.43%	8.36%	7.27%	6.93%	4.97%	4.33%
2017	障碍因子	X_{16}	X_{15}	X_{17}	X_{18}	X_4	X_8	X_5	X_{14}	X_2	X_{13}
	障碍度	11.90%	11.73%	10.87%	8.79%	7.54%	6.58%	6.35%	6.11%	5.21%	4.41%
2018	障碍因子	X_{17}	X_{15}	X_4	X_{18}	X_1	X_{16}	X_2	X_3	X_8	X_5
	障碍度	13.35%	11.41%	9.92%	8.74%	8.04%	6.69%	6.41%	5.93%	5.81%	5.15%
2019	障碍因子	X_{17}	X_4	X_2	X_{15}	X_1	X_{18}	X_3	X_{11}	X_8	X_7
	障碍度	13.12%	11.57%	9.14%	8.67%	8.37%	7.21%	7.21%	5.64%	4.96%	4.45%
2020	障碍因子	X_{17}	X_{15}	X_4	X_{18}	X_7	X_2	X_3	X_1	X_8	X_{11}
	障碍度	16.62%	11.04%	9.92%	8.48%	8.23%	7.52%	6.84%	5.85%	4.63%	4.24%
2021	障碍因子	X_{17}	X_{15}	X_7	X_{11}	X_{10}	X_6	X_9	X_4	X_{18}	X_2
	障碍度	41.76%	18.66%	15.91%	11.11%	9.17%	2.59%	0.79%	0.00%	0.00%	0.00%

由表 8 - 6 可知，汾河流域农业资源可持续利用障碍因子在 2011—2021 年变化很大，根据排名来看，出现次数多且障碍度高的因子主要有：农村用电量、农药使用量、农业机械拥有量、化肥施用量、水资源总量、万元 GDP 用水量等，可以发现，汾河流域农业资源可持续利用障碍因子主要为农业社会资源。按照出现频次来看，农村用电量（X_{18}）、水资源总量（X_4）、地表水资源量（X_2）、万元 GDP 用水量（X_8）这 4 个因子出现频次一样，均为 10，其中，X_{18} 的障碍度呈现波动下降的趋势，X_2、X_4、

X_8 三者均为生态资源中的水资源指标，这说明水资源一直对汾河流域农业资源可持续利用有一定的阻碍作用，不容忽视；塑料薄膜使用量(X_{15})出现频次为 9，自 2016 年后障碍度逐渐增加，这说明塑料薄膜使用量的增加不利于汾河流域农业资源的可持续利用；农药使用量(X_{16})出现 8 次，在 2012—2017 年一直位于障碍因子的首位，障碍度大，2016 年后开始逐渐下降，并在 2019 年后未出现在前 10 位的障碍因子中，这说明，汾河流域农业中使用的农药数量下降且利用率提升，对发展可持续农业的威胁变小，有利于促进农业高质量发展；农村居民人均可支配收入(X_{13})频次为 7，自 2011 年后障碍度逐年下降，2015 年后保持在 5%以下，可见，居民可支配收入的增多有利于农业资源的可持续利用水平的提高；农业机械拥有量(X_{17})出现次数为 6，2017 年开始逐年上升，增长速度快且为主要障碍因子，说明汾河流域的农业机械数量呈下降趋势，不利于提高农业生产效率，阻碍了农业现代化的进程，阻碍了农业资源可持续利用水平；化肥施用量(X_{14})近年来的障碍度不明显，对汾河流域农业资源的可持续利用的阻碍程度低，且化肥施用量的降低对发展绿色农业有利。值得注意的是，自 2019 年开始，人均粮食产量(X_{11})和粮食播种面积单产(X_{10})这两个因子进入了前 10 位障碍因子的序列中，成为阻碍汾河流域农业资源可持续利用的较为重要的影响因素。

8.4 汾河流域各地市农业资源可持续利用综合评价

本研究根据熵值法计算得到 2011—2021 年汾河流域太原、晋中、运城、忻州、临汾、吕梁 6 市的农业资源可持续利用水平综合得分，见表 8-7 和图 8-2。研究结果显示：2011—2021 年，太原市从 0.0974 增长到 0.1859，增加了 0.0885，年均增长率为 6.68%；晋中市从 0.0545 增长到 0.1459，增加了 0.0914，年均增长率为 10.34%；运城市从 0.1315 增长到 0.1840，增加了 0.0525，年均增长率为 3.41%，为 6 市中年均增长率最低的城市；忻州市从 0.0641 增长到 0.1195，增加了 0.0554，年均增长率为 6.44%；临汾市从 0.0598 增长到 0.1981，增加了 0.1383，年均增长率为 12.72%，为 6 市中年均增长率最高的城市；吕梁市从 0.0735 增长到 0.1254，增加了 0.0519，年均增长率为 5.49%。从总体上看，2011—2021 年 6 市的得分情况均呈现出上升趋势，按年均增长率排序为临汾市＞晋中市＞太原市＞忻州市＞吕梁市＞运城市。

表 8-7　6 市农业资源可持续利用综合评价得分情况表

年份	太原	晋中	运城	忻州	临汾	吕梁
2011	0.0974	0.0545	0.1315	0.0641	0.0598	0.0735
2012	0.0682	0.0716	0.0434	0.0809	0.0466	0.0668
2013	0.0711	0.1063	0.0545	0.0999	0.0849	0.0766
2014	0.0648	0.0984	0.0937	0.0742	0.0919	0.0700
2015	0.0533	0.0825	0.0648	0.0444	0.0568	0.0472
2016	0.0649	0.1116	0.0682	0.0800	0.0742	0.1052
2017	0.0660	0.0938	0.0780	0.1024	0.0909	0.1281
2018	0.0956	0.0899	0.0874	0.1250	0.0926	0.1236
2019	0.1009	0.0591	0.0867	0.1042	0.0822	0.0829
2020	0.1319	0.0865	0.1078	0.1056	0.1219	0.1006
2021	0.1859	0.1459	0.1840	0.1195	0.1981	0.1254
年均增长率/%	6.68	10.34	3.41	6.44	12.72	5.49

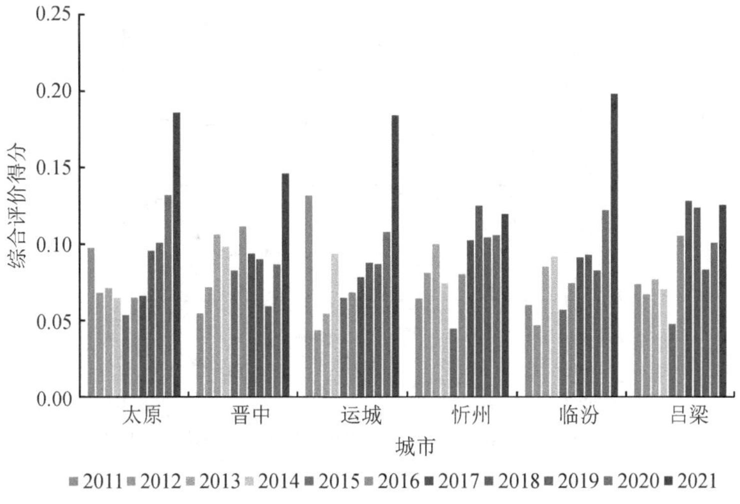

图 8-2　6 市农业资源可持续利用综合评价得分情况变化图

结合图 8-2 来看，太原市、运城市及临汾市在 2021 年的综合得分均超过 0.15，得分较高，农业资源可持续利用水平高；除太原市外，其他 5 市在 2019 年的综合得分较之上一年有所下降，这与疫情的大环境有关。

8.5 汾河流域各地市农业资源可持续利用因素分析

本研究根据熵权 TOPSIS 法计算 6 市各一级指标的相对接近度，进而分析各指标对其农业资源可持续利用水平的促进程度，结果如图 8-3 和图 8-4 所示。图 8-3 为 2011—2021 年 6 市农业资源综合相对接近度变化图，可以看出，6 市农业资源相对接近度综合水平均呈上升趋势；图 8-4为 2011—2021 年 6 市各一级指标的相对接近度水平变化图。

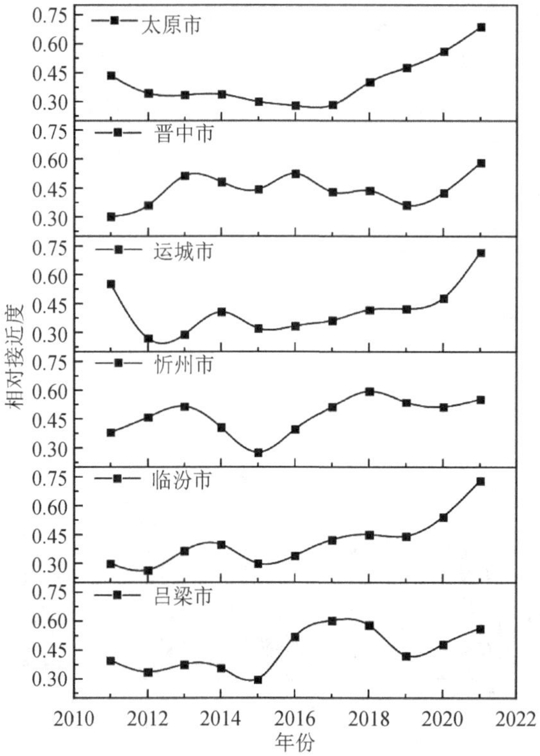

图 8-3　6 市农业资源综合相对接近度变化图

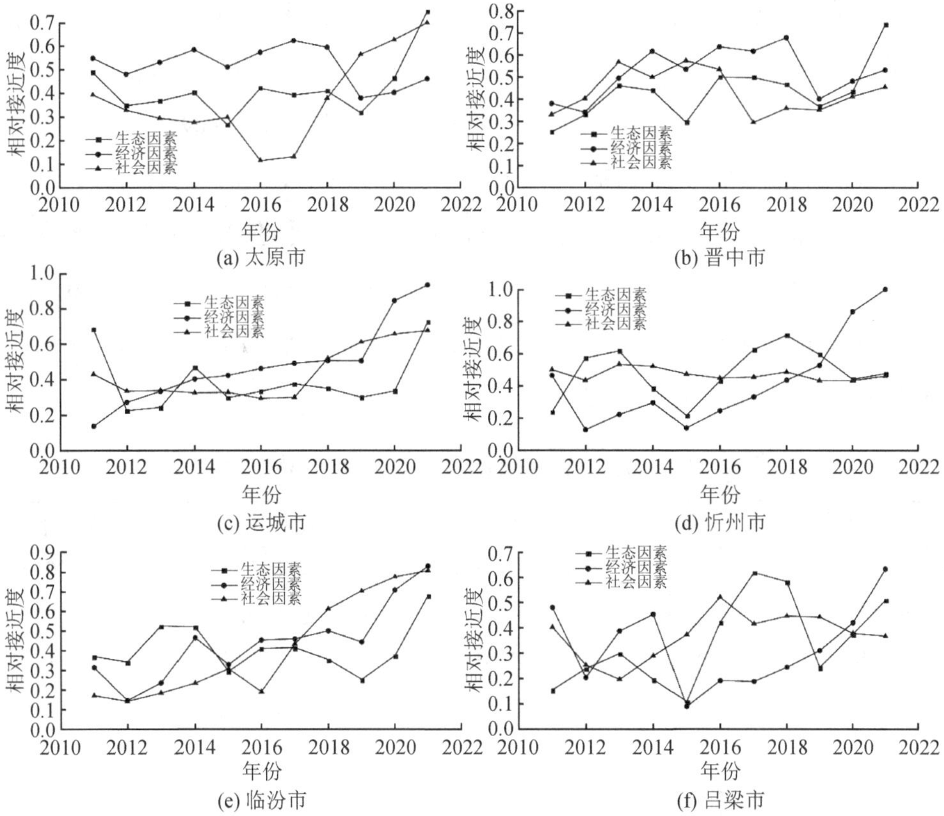

(a) 太原市　(b) 晋中市　(c) 运城市　(d) 忻州市　(e) 临汾市　(f) 吕梁市

图 8－4　6 市各一级指标的相对接近度水平变化图

为了进一步研究各个地市各一级指标的可持续利用情况，对各地市相对接近度运用标准差分级法进行分级，其中，令 E 为 C 的均值，S 为 C 的标准差。当 $0 < C \leqslant E - S$ 时，属于低水平；当 $E - S < C \leqslant E$ 时，属于中水平；当 $E < C \leqslant E + S$ 时，属于较高水平；当 $E + S < C \leqslant 1$ 时，属于高水平。

8.5.1　太原市

本研究根据熵权 TOPSIS 法测算得到太原市 2011—2021 年生态、经济、社会指标的相对接近度（见图 8－4）以及标准差分级法的结果（见

表 8-8):太原市生态可持续指标从 0.4850 变化至 0.7439,呈上升趋势,说明生态因素对太原市农业资源可持续利用的促进作用也呈上升趋势,但在 2015 年出现最低值,为 0.2640;经济可持续指标从 0.5462 变化至 0.4588,整体呈下降趋势;社会可持续指标从 0.3906 变化至 0.6973,同生态指标一样,对农业资源可持续利用起促进作用;综合水平从 0.4343 变化至 0.6865。整体来看,太原市 2011—2021 年农业资源可持续水平处于中水平的有 6 年,处于较高及以上水平的有 4 年,2016 年农业资源可持续利用水平为低水平。

表 8-8 太原市农业资源可持续利用一级指标分级

一级指标	低水平	中水平	较高水平	高水平
生态可持续	(0,0.2982]	(0.2982,0.4174]	(0.4174,0.5366]	(0.5366,1]
经济可持续	(0,0.4398]	(0.4398,0.5151]	(0.5151,0.5905]	(0.5905,1]
社会可持续	(0,0.1912]	(0.1912,0.3711]	(0.3711,0.5511]	(0.5511,1]
综合	(0,0.2805]	(0.2805,0.4028]	(0.4028,0.5252]	(0.5252,1]

8.5.2 晋中市

本研究根据熵权 TOPSIS 法测算得到晋中市 2011—2021 年生态、经济、社会指标的相对接近度(见图 8-4)以及标准差分级法的结果(见表 8-9):晋中市生态可持续指标从 0.2495 变化至 0.7342;经济可持续指标从 0.3774 变化至 0.5291;社会可持续指标从 0.3280 变化至 0.4520;综合水平从 0.3019 变化至 0.5813,均呈上升趋势。经济可持续指标在 2016—2020 年是促进晋中市农业资源可持续利用的主要影响指标,之后主要为生态因素,这说明晋中市的农业生态资源较好。从整体来看,晋中市 2011—2021 年农业资源可持续利用水平处于低水平的有 3 年,处于中水平的有 3 年,处于较高及以上水平的有 5 年。利用水平较高的年份主要在 2013—2016 年,之后利用水平先降低后回升。

表 8－9　晋中市农业资源可持续利用一级指标分级

一级指标	低水平	中水平	较高水平	高水平
生态可持续	(0,0.3074]	(0.3074,0.4315]	(0.4315,0.5556]	(0.5556,1]
经济可持续	(0,0.4096]	(0.4096,0.5168]	(0.5168,0.6239]	(0.6239,1]
社会可持续	(0,0.3388]	(0.3388,0.4320]	(0.4320,0.5252]	(0.5252,1]
综合	(0,0.3641]	(0.3641,0.4418]	(0.4418,0.5194]	(0.5194,1]

8.5.3　运城市

本研究根据熵权 TOPSIS 法测算得到运城市 2011—2021 年生态、经济、社会指标的相对接近度(见图 8－4)以及标准差分级法的结果(见表 8－10):运城市生态可持续指标从 0.6829 变化至 0.7237,整体变化较小;经济可持续指标从 0.1364 变化至 0.9331,为三个指标中涨幅最大的;社会可持续指标从 0.4293 变化至 0.6753;综合水平从 0.5529 变化至 0.7176。经济指标的变化幅度最大,处于逐年稳步增长的状态,且 2020 年后经济可持续指标对运城市农业资源可持续利用起主要的促进作用。2012—2021 年运城市农业资源利用水平逐步由低水平向中水平、较高水平、高水平发展。从整体上看,运城市 2012—2021 年农业可持续利用水平处于低水平的有 2 年,处于中水平的有 4 年,处于较高及以上水平的有 5 年,且 2018 年后综合利用水平较高并向更高水平发展。

表 8－10　运城市农业资源可持续利用一级指标分级

一级指标	低水平	中水平	较高水平	高水平
生态可持续	(0,0.2346]	(0.2346,0.3936]	(0.3936,0.5525]	(0.5525,1]
经济可持续	(0,0.2618]	(0.2618,0.4823]	(0.4823,0.7028]	(0.7028,1]
社会可持续	(0,0.2930]	(0.2930,0.4367]	(0.4367,0.5803]	(0.5803,1]
综合	(0,0.2911]	(0.2911,0.4154]	(0.4154,0.5396]	(0.5396,1]

8.5.4　忻州市

本研究根据熵权 TOPSIS 法测算得到忻州市 2011—2021 年生态、

经济、社会指标的相对接近度(见图 8-4)以及标准差分级法的结果(见表 8-11):忻州市生态可持续指标从 0.2378 变化至 0.4766,整体涨幅不大;经济可持续指标从 0.4629 变化至 1,增长了 0.5371,变化较大;社会可持续指标从 0.4981 变化至 0.4600,整体呈下降趋势。值得注意的是,忻州市经济可持续指标的相对接近度在 2012—2018 年一直处于生态和社会两个指标的后面,影响程度较低,而在 2019 年后远超其他两个指标,成为促进忻州市农业资源可持续利用的主要因素。另外,从整体上看,2012—2021 年,忻州市处于较高及以上水平的有 6 年,仅 2015 年农业资源可持续利用呈现出低水平的态势。

表 8-11 忻州市农业资源可持续利用一级指标分级

一级指标	低水平	中水平	较高水平	高水平
生态可持续	(0,0.3287]	(0.3287,0.4817]	(0.4817,0.6347]	(0.6347,1]
经济可持续	(0,0.1514]	(0.1514,0.4221]	(0.4221,0.6927]	(0.6927,1]
社会可持续	(0,0.4360]	(0.4360,0.4696]	(0.4696,0.5033]	(0.5033,1]
综合	(0,0.3785]	(0.3785,0.4680]	(0.4680,0.5575]	(0.5575,1]

8.5.5 临汾市

本研究根据熵权 TOPSIS 法测算得到临汾市 2011—2021 年生态、经济、社会指标的相对接近度(见图 8-4)以及标准差分级法的结果(见表 8-12):临汾市生态可持续指标从 0.3680 变化至 0.6768;经济可持续指标从 0.3112 变化至 0.8278;社会可持续指标从 0.1690 变化至 0.8043;综合水平从 0.2989 变化至 0.7298,四者均呈上升趋势,其中,社会可持续指标的涨幅最大,且自 2018 年开始对临汾市农业资源可持续利用起主要促进作用。从整体上看,临汾市的社会可持续水平的变化情况与整体综合水平的变化情况保持一致,前期 2011—2014 年生态指标影响度较大,中期 2015—2017 年经济指标影响较大,2018 年之后社会指标影响较大。临汾市农业资源可持续利用呈现低水平的为 2012

年，随后逐步增长为高水平。

表 8－12　临汾市农业资源可持续利用一级指标分级

一级指标	低水平	中水平	较高水平	高水平
生态可持续	(0,0.2946]	(0.2946,0.4100]	(0.4100,0.5254]	(0.5254,1]
经济可持续	(0,0.2545]	(0.2545,0.4415]	(0.4415,0.6284]	(0.6284,1]
社会可持续	(0,0.1623]	(0.1623,0.4122]	(0.4122,0.6622]	(0.6622,1]
综合	(0,0.2874]	(0.2874,0.4137]	(0.4137,0.5401]	(0.5401,1]

8.5.6　吕梁市

本研究根据熵权 TOPSIS 法测算得到吕梁市 2011—2021 年生态、经济、社会指标的相对接近度（见图 8－4）以及标准差分级法的结果（见表 8－13）：吕梁市生态可持续指标从 0.2538 变化至 0.6086，变化较大；经济可持续指标从 0.5786 变化至 0.7325，变化较小；社会可持续指标从 0.5008 变化至 0.4661，呈下降趋势；综合水平从 0.3980 变化至 0.5632，变化幅度不大。2014 年之前 3 个指标的相对接近度水平差距不大，2015—2019 年主要是生态和社会指标的影响度较大，在 2020 年后经济指标影响度占首位，这说明吕梁市农业经济资源可持续利用水平高，农业经济资源发展好。从整体看，2011—2021 年吕梁市整体综合水平的变化起伏较大，总体呈上升趋势但速度较其他地市缓慢。

表 8－13　吕梁市农业资源可持续利用一级指标分级

一级指标	低水平	中水平	较高水平	高水平
生态可持续	(0,0.2733]	(0.2733,0.4396]	(0.4396,0.6059]	(0.6059,1]
经济可持续	(0,0.2715]	(0.2715,0.4259]	(0.4259,0.5804]	(0.5804,1]
社会可持续	(0,0.3809]	(0.3809,0.4700]	(0.4700,0.5592]	(0.5592,1]
综合	(0,0.3481]	(0.3481,0.4491]	(0.4491,0.5502]	(0.5502,1]

参考文献

[1] 任思卿，徐仪玮，张青峰，等. 基于地理网格的陕西省农业水土资源分区研究[J]. 水土保持研究，2022，29(6)：192－198.

[2] 王雅琼，马世铭. 中国区域农业适应气候变化技术选择[J]. 中国农业气象，2009，30(S1)：51－56.

[3] 耿庆玲. 西北旱区农业水土资源利用分区及其匹配特征研究[D]. 北京：中国科学院，2014.

[4] 刘统兵，方瑜，黄峰，等. 中国广义农业水土资源匹配及利用状况动态评价[J]. 农业工程学报，2023，39(10)：56－65.

[5] 王劲峰，徐成东. 地理探测器：原理与展望[J]. 地理学报，2017，72(1)：116－134.

[6] 王劲峰，葛咏，李连发，等. 地理学时空数据分析方法[J]. 地理学报，2014，69(9)：1326－1345.

[7] 张恩月，苏迎庆，张云枫，等. 汾河流域水土资源耦合协调格局及驱动因素[J]. 中国沙漠，2023，43(3)：169－177.

[8] 邓祥征，王文宣，李志慧. 山西省粮食生产水足迹时空特征及水资源利用评价[J]. 人民黄河，2023，45(9)：52－57.

[9] HOEKSTRA A Y，HUNG P Q. Virtual water trade：A quantification of virtual water flows between nations in relation to international crop trade [C]. Value of Water Research Report Series No. Delft，Netherlands：IHE，2003.

［10］ HOEKSTRA A Y，HUNG P Q. Globalization of water resources：International virtual water flows in relation to crop trade[J]. Global Environmental Change：Part A，2005，15(1)：45－56.

［11］ 高甜，杨肖丽. 黄河流域粮食与能源水足迹压力与绿色发展脱钩关系研究[J]. 节水灌溉，2021(10)：24－29.

［12］ 王宁，李兆耀，田晓飞，等. 基于ESDA方法的黄河流域水足迹强度及空间关联分析[J]. 环境科学与技术，2021，44(02)：196－202.

［13］ 马海良，郧浩楠，李一凡. 基于水足迹理论的山西省水资源与经济增长脱钩分析[J]. 水利经济，2022，40(5)：23－28.

［14］ 王芳芳，赵春芳，余凤荣，等. 浙江省主要农作物水足迹时空特征研究[J]. 水资源与水工程学报，2021，32(3)：232－240.

［15］ 任才，於嘉闻，龙爱华. 基于作物水足迹的塔里木盆地水资源压力评价分析[J]. 水利水电技术，2019，50(12)：27－37.

［16］ 任丽霞，卢宏玮，要玲，等. 基于绿色发展理念的山西水资源利用效率区间多指标评价研究[J]. 中国农村水利水电，2021(10)：33－41.

［17］ 丁丽芳. 山西省粮食生产时空变化及供求现状分析[J]. 中国农业资源与区划，2022，43(12)：18－26.

［18］ SUN S K，WU P，WANG Y B，et al. The impacts of interannual climate variability and agricultural inputs on water footprint of crop production in an irrigation district of China[J]. Science of the Total Environment，2013，444：498－507.

［19］ ALLEN R G，PEREIRA L S，RAES D，et al. Crop evapotranspiration guidelines for computing crop water requirements[M]. Rome，Italy：FAO Irrigation and Drainage，1998.

［20］ HOEKSTRA A Y，CHAPAGAIN A K，ALDAYA M M，et al. The water footprint assessment manual：Setting the global standard[M].

London:Earthscan,2011.

[21] 张鹏飞,肖梦琳,张兆瑞,等. 基于水-能-粮关联关系的山西省农业种植结构优化调整[J]. 节水灌溉,2023(1):55 - 63.

[22] 赵良仕,刘思佳. 黄河流域地级市水-能源-粮食系统耦合及空间关联研究[J]. 水资源与水工程学报,2022,33(4):14 - 23.

[23] 张杰,冯晓,臧贺藏,等. 河南省冬小麦生产水足迹时空特征分析[J]. 气象与环境科学,2017,40(2):33 - 38.

[24] 时荣超,郭文忠. 农业灌溉水资源优化配置研究进展[J]. 农业工程学报,2024,40(4):1 - 13.

[25] 赵思翔,王伟,刘艺琳,等. 基于虚拟水视角的四川省农业水资源压力时空演化[J]. 灌溉排水学报,2023,42(10):85 - 90.

[26] 于晓华,刘畅,张国政. 国际粮食贸易背景下的市场整合与虚拟资源流动:以中国巴基斯坦大米市场为例[J]. 自然资源学报,2021,36(6):1505 - 1520.

[27] 刘开颜,付湘,刘双郡. 区域水资源压力指数评估及其适应性分析[J]. 水文,2023,43(6):28 - 32.

[28] 操信春,束锐,郭相平,等. 基于 BWSI 与 GWSI 的江苏省农业生产水资源压力评价[J]. 长江流域资源与环境,2017,26(6):856 - 864.

[29] 张雯,刘倩倩,王慧,等. 基于水足迹的山东省农业水土资源匹配特征及短缺压力分析[J]. 生态学报,2023,43(12):4943 - 4953.

[30] 冯变变. 基于水足迹的山西省农业水资源压力评价及其驱动力分析[D]. 太原:山西师范大学,2018.

[31] CAO X C, WANG Y B, WU P T, et al. Water productivity evaluation for grain crops in irrigated regions of China[J]. Ecological Indicators, 2015, 55:107 - 117.

[32] 盖力强,谢高地,李士美,等. 华北平原小麦、玉米作物生产水足

迹的研究[J]. 资源科学，2010，32(11):2066-2071.

[33] HOEKSTRA A Y. Green-blue water accounting in a soil water balance[J]. Advances in Water Resources，2019，129:112-117.

[34] HOEKSTRA A Y，CHAPAGAIN A K. Globalization of water: Sharing the planet's freshwater resources[M]. London: Blackwell Publishing，2008.

[35] 齐学斌. 加强农业水资源配置与利用研究，为粮食安全及水安全提供坚强支撑[J]. 灌溉排水学报，2022，41(8):2.

[36] 乔扬源，贾陈忠. 基于水足迹理论的山西省水资源利用与经济发展脱钩状况分析[J]. 节水灌溉，2019(12):58-64.

[37] 傅沂，吴奕卓. 我国粮食主产区粮食虚拟水流动综合效益评价[J]. 中国农业资源与区划，2022，43 (10):41-50.

[38] 张家欣，邓铭江，李鹏，等. 虚拟水流视角下西北地区农业水资源安全格局与调控[J]. 中国工程科学，2022，24 (1):131-140.

[39] 金珏雯，穆月英，杨鑫. 跨流域调水背景下粮食区域贸易对粮食种植结构的影响:基于"实体水-虚拟水"流动视角[J]. 中国人口·资源与环境，2022，32 (12):176-192.

[40] 穆志新，郝晓鹏，秦慧彬，等. 山西省干旱地区农作物种质资源普查与分析[J]. 植物遗传资源学报，2016，17 (4):637-648.

[41] 杨国华，段永蕙，崔蕾. 山西省农业生态效率县域差异及影响因素分析[J]. 中国农业资源与区划，2023，44 (3):70-78.

[42] 石常峰，俞越，吴凤平，等. 近远程耦合视角下黄河流域产业虚拟水流动与水资源短缺风险传递[J]. 自然资源学报，2024，39(1):228-244.

[43] 田旭，耿涌，吴瑞，等. 中国区域水足迹及虚拟水贸易的时空演化路径[J]. 环境经济研究，2021，6(4):85-101.

[44] 卓拉，尚科辉，杨西，等. 基于能值分析的黄河流域粮食生产系统

蓝绿水资源利用评价[J]. 农业工程学报，2022，38(1):132-140.

[45] 孙世坤，王玉宝，刘静，等. 中国主要粮食作物的生产水足迹量化及评价[J]. 水利学报，2016，47 (9):1115-1124.

[46] HOEKSTRA A Y，CHAPAGAIN A K，ALDAYA A M，et al. 水足迹评价手册[M]. 刘俊国，曾昭，赵乾斌，等译. 北京:科学出版社，2012.

[47] 李佳佳，张龙. 基于"量-质-域-流"的山西省水资源承载力评价[J]. 水利规划与设计，2023(11):55-58.

[48] 张沛，龙爱华，海洋，等. 1988—2015年新疆农业用水时空变化与政策驱动研究:基于农作物水足迹的统计分析[J]. 冰川冻土，2021，43 (1):242-253.

[49] 李方一，刘卫东，刘红光. 区域间虚拟水贸易模型及其在山西省的应用[J]. 资源科学，2012，34(5):802-810.

[50] 张丽. 基于可持续发展的哈密市水资源开发利用分析[J]. 中国资源综合利用，2023，41(10): 79-81.

[51] 向扬，李治军. 基于改进TOPSIS模型的山西省水资源承载力与协调发展分析[J]. 水利水电技术(中英文)，2024，55(4):48-58.

[52] 赵英，王海霞，王毅，等. 黄河流域农业水资源高效利用与优化配置研究[J]. 中国工程科学，2023，25(4): 158-168.

[53] 苗峻瑜，张春英. 黄河流域工业水资源效率与经济协调发展特征及时空演变[J]. 环境科学研究，2023，48(6): 1-12.

[54] 粟晓玲. 农业水资源优化配置研究进展[J]. 灌溉排水学报，2022，41(7):1-7.

[55] 王浩，张建云，王亦楠，等. 水，如何平衡发展之重 [J]. 中国水利，2020(21):11-19.

[56] 刘静，余钟波. 基于水足迹理论的中国水资源压力评价[J]. 水资源保护，2019，35(50):35-39.

[57] 孙才志，姜坤，赵良仕. 中国水资源绿色效率测度及空间格局研究[J]. 自然资源学报，2017，32 (12)：1999 - 2011.

[58] 刘晔. 水资源承载力分析及可持续发展对策探讨:以山西为例[J]. 经济问题，2008(5):127 - 129.

[59] HOEKSTRA A Y. Water footprint assessment:Evolvement of a new research field[J]. Water Resources Management，2017，31 (10):3061 - 3081.

[60] 张丽丽，邓晓雅，龙爱华，等. 基于农业水足迹的水资源安全时空变化分析:以新疆和田地区为例[J]. 干旱区研究，2022，39(2)：436 - 447.

[61] 赵迪，黄爽，黄介生. 生物炭对粉黏壤土水力参数及胀缩性的影响[J]. 农业工程学报，2015，31(17):136 - 143.

[62] 魏永霞，王鹤，吴昱，等. 生物炭对不同坡度坡耕地土壤水动力学参数的影响[J]. 农业机械学报，2019，50(3)：231 - 240.

[63] 李莹，李铁男，高雪杉. 黑龙江省 3 种主要粮食作物的虚拟水量化研究[J]. 水资源与水工程学报，2016，27(5):226 - 230.

[64] 中国主要农作物需水量等值线图协作组. 中国主要农作物需水量等值线图研究[M]. 北京:中国农业科技出版社，1993.

[65] 陈红翔，马芮. 宁夏玉米生长过程水足迹研究[J]. 江西农业学报，2023，35(4):15 - 20.

[66] 高海燕，李王成，李晨，等. 宁夏主要农作物生产水足迹及其变化趋势研究[J]. 灌溉排水学报，2020，39(3):110 - 118.

[67] DOLL P，SIEBERT S. Global modeling of irrigation water requirements[J]. Water Resources Research，2002，38(4):1 - 8.

[68] 刘继龙，吴耀宇，曹晓强，等. 三江平原地区农作物水足迹时空演变特征及可持续性利用评价[J]. 东北农业大学学报，2023，54 (8)：68 - 78.

[69] 杜娟娟. 山西省农业用水对水资源可持续利用的影响分析[J]. 水资源开发与管理，2020(10)：72－75.

[70] 戚瑞，耿涌，朱庆华. 基于水足迹理论的区域水资源利用评价[J]. 自然资源学报，2011，26(3)：486－495.

[71] 张立生，温辉芹，程天灵，等. 山西省小麦生态区划研究[J]. 中国生态农业学报，2010，18(2):410－415.

[72] 李琳璐，杨燕，秦晓娟. 高质量发展视角下山西省农业发展评价研究[J]. 中国农业资源与区划，2023，44(4):224－232.

[73] 雒新萍，刘晓洁. 中国典型农作物需水量及生产水足迹区域差异[J]. 节水灌溉，2020(1):88－93.

[74] TANG Y K，ZHANG F，ENGEL B A，et al. Grid-scale agricultural land and water management：A remote-sensing-based multobjective approach[J]. Journal of Cleaner Production，2020，265:121792.

[75] 薛晋芳. 山西省粮食产量的分析及预测研究[D]. 太原:山西大学，2016.

[76] 王秋梅，付强，孙楠，等. 区域水土资源优化配置的研究现状及存在问题分析[J]. 水资源与水工程学报，2010，21(2):68－71.

[77] 杨改强，刘亚红，郭萍，等. 汾河灌区水资源多目标优化配置模型研究[J]. 节水灌溉，2022，324(8):8－15.

[78] 杨盼，梁伟，严建武，等. 黄河流域多尺度水系统结构变化特征[J]. 中国沙漠，2021，41(6):223－234.

[79] 刘秀丽，郭丕斌，王昕. 煤炭资源型地区产业能-水足迹效率及影响因素[J]. 生态学报，2020，40(24):8999－9010.

[80] 乔家君，肖杰. 黄河中下游乡村振兴与新型城镇化耦合协调机制研究[J]. 地理科学进展，2024，43(3):417－433.

[81] 张宁，汪子晨，杨肖，等. 新疆水资源与农业种植系统耦合协调及时空差异研究:以粮食和棉花种植系统为例[J]. 干旱区地理，

2023，46(3)：349 - 359.

[82] 刘昭玥，费杨，师华定，等. 基于UNMIX模型和莫兰指数的湖南省汝城县土壤重金属源解析[J]. 环境科学研究，2021，34(10)：2446 - 2458.

[83] 徐晨曦，万红莲，何若楠，等. 关中平原城市群脆弱性时空演变与驱动因子[J]. 中国沙漠，2023，43(6)：111 - 120.

[84] 李魁明，王晓燕，姚罗兰. 黄河流域农业绿色发展水平区域差异及影响因素[J]. 中国沙漠，2022，42(3)：85 - 94.

[85] 王倩. 三江平原地区粮食生产与水土资源配置的耦合关系研究[D]. 长春：东北师范大学，2020.

[86] 尚杰，于浩然，杨旭. 农业用水效率时空差异与影响因素分析[J]. 中国农业科技导报，2022，24(3)：11 - 19.

[87] 黄会平，王如厂，李新生，等. 农业水足迹生产和消费协调度评价及调控研究[J]. 华北水利水电大学学报(自然科学版)，2021，42(2)：66 - 75.

[88] 刘晓东，彭晓彤，白丽，等. 水足迹视阈下河北省农业用水驱动因素分析[J]. 中国农业资源与区划，2021，42(11)：188 - 198.

[89] 仇蕾，钟雨纯，崔韵文. 基于水-能-粮关联关系的粮食主产区农业种植结构优化研究：以吉林省为例[J]. 中国农业资源与区划，2022，43(10)：51 - 62.

[90] 鲁仕宝，尚毅梓，王浩. 基于修正水资源压力指数的华东地区水-能-粮协同安全评估[J]. 干旱区资源与环境，2022，36(2)：68 - 77.

[91] 徐键辉. 粮食生产的能源消耗及其效率研究：基于DEA方法的实证分析[D]. 杭州：浙江大学，2011.

[92] 王志鹏. 水资源约束下的多目标种植结构优化研究：以京津冀区域为例[D]. 北京：中国水利水电科学研究院，2020.

[93] 李玥，王春霞，何新林．节水灌溉技术下农业种植结构优化模型研究[J]．干旱地区农业研究，2019，37(3)：104－109.

[94] 朱建春，李荣华，张增强，等．陕西作物秸秆的时空分布、综合利用现状与机制[J]．农业工程学报，2013，29(S1)：1－9.

[95] 李高磊．气候变化下山西省种植业结构优化对策研究[D]．太原：山西大学，2019.

[96] 韩小英，张蕾，韩伟宏，等．基于GIS的山西谷子种植气候区划分析[J]．山西农业科学，2020，48(4)：609－614.

[97] 潘仲尼，王广斌，张航瑞，等．吕梁市特色农业发展研究[J]．湖南农业科学，2016(9)：97－100.

[98] 苏东升．晋中市蔬菜产业从脱贫走向产业兴旺的措施[J]．农业技术与装备，2020(9)：41－42.

[99] 崔茜．晋南小麦-玉米轮作区耕地地力的空间分布[D]．太原：山西农业大学，2014.

[100] 郑向阳，栗建枝，王国平，等．山西省玉米不同生态区玉米特征特性差异化分析[J]．山西农业科学，2015，43(2)：134－139.

[101] 王海滨．浅析山西油料产业发展[J]．农业技术与装备，2018(3)：24－25.

[102] 王小军，齐仙惠，巫东堂，等．山西省蔬菜产业发展现状及建议[J]．山西农业科学，2020，48(7)：1143－1145.

[103] 李长松，周玉玺．中国粮食主产区农业水资源脆弱性与粮食安全时空耦合关系研究[J]．生态与农村环境学报，2022，38(6)：722－732.

[104] 李长松，周霞，周玉玺．中国粮食主产区农业水贫困与粮食生产脆弱性的时空耦合研究[J]．农业资源与环境学报，2023，40(4)：965－975.

[105] 樊晓婷．水资源合理配置对汾河流域水生态环境改善作用的探

讨[J]. 山西水利，2003(6):22 - 46.
[106] 刘媛媛，王绍强，王小博，等. 基于 AHP -熵权法的孟印缅地区洪水灾害风险评估[J]. 地理研究，2020，39(8):1892 - 1906.
[107] 宋成林，张大亮，王迎超，等. 基于主客观赋权和功效系数法的膨胀土胀缩性评价[J]. 地质科技通报，2024，43(6): 136 - 143.
[108] 曹晓军，彭会萍. 基于证据可信度的 D - S 证据理论合成规则[J]. 微计算机信息，2012，28(7):93 - 94.